Bärbel Wardetzki
Kränkung am Arbeitsplatz

Eine herabsetzende Bemerkung vom Chef, eine unverschämte Kundin, ein missgünstiger Kollege: Die Arbeitswelt hält unzählige Möglichkeiten bereit, in Konflikte zu geraten. Und sobald sich dieser Konflikt von der sachlichen auf die persönliche Ebene verschiebt, entstehen Kränkungen. Das Selbstwertgefühl leidet, die Leistungsfähkeit sinkt, Teams können auseinanderbrechen. Oft sind psychosomatische Beschwerden die Folge. Bärbel Wardetzki zeigt an vielen konkreten Beispielen, wie Kränkungen entstehen und wie wir uns gegen sie schützen können.

Bärbel Wardetzki, geb. 1952, ist Diplom-Psychologin und Dr. phil. Sie ist in München als Psychotherapeutin, Supervisorin und in der Fortbildung tätig sowie Autorin mehrerer Bestseller. Bei dtv sind u.a. von ihr erschienen: Ohrfeige für die Seele (34057); Mich kränkt so schnell keiner! (34173).

Bärbel Wardetzki

Kränkung am Arbeitsplatz

Strategien gegen
Missachtung, Gerede und Mobbing

dtv

Von Bärbel Wardetzki
sind bei dtv erschienen:
Ohrfeige für die Seele
Mich kränkt so schnell keiner!
Blender im Job
Und das soll Liebe sein?

Für Cornelia und Jens

Ungekürzte Ausgabe 2012
8. Auflage 2023
dtv Verlagsgesellschaft mbH & Co. KG, München
Kränkung am Arbeitsplatz. Strategien gegen
Missachtung, Gerede und Mobbing by Bärbel Wardetzki
© 2005 Kösel Verlag, in der Verlagsgruppe Random House GmbH,
München
Umschlagkonzept: Balk & Brumshagen
Umschlaggestaltung: Lisa Höfner unter
Verwendung eines Fotos von Corbis/Jack Hollingsworth
Gesamtherstellung: Druckerei C.H.Beck, Nördlingen
Printed in Germany · ISBN 978-3-423-34710-5

Inhalt

Dank 7
Über dieses Buch 9

I Das verletzte Selbstwertgefühl 15

Wir werden nicht einfach gekränkt 15
Besonderheiten von Kränkungen am Arbeitsplatz . . . 22
Vom Schmerz bis zur Empörung 25
Vom Ersatzgefühl zum echten Gefühl 27
Umgang mit Zurückweisung, Ablehnung und Kritik . . 31
Warum hat mich das so getroffen? 33
Kränkungen verstehen 35
Kränkung als Konflikt 37
Konfliktarten 39
Was macht einen Konflikt zu einem Kränkungskonflikt? 46
Verlauf und Eskalation von Konflikten 49
»Ich fühle mich nicht angesprochen« 55
Verantwortung für den Konflikt 57
Enttäuschte Hoffnungen, Wünsche und Erwartungen 59
Die Rolle der neutralen Dritten 62
Eine Kränkung ist noch kein Mobbing 65
Kränkung als Stressfaktor 73
Verletzung persönlicher Werte 76
Posttraumatische Verbitterungsstörung 78

II Kränkungen im Berufsalltag 82

Die Bedeutung von Kränkungen in der Zusammenarbeit 82
Persönlichkeitsprofile 87
Stille Post 96
Konkurrenz und Rivalität 99
Erfolg schafft Neider 104
Kritik – Kränkung oder Feedback 106

Arbeitsstrukturen mit Kränkungspotenzial 114
Die Rolle der Vorgesetzten 126
Was Vorgesetzte kränken kann 132
Anforderungen an Mitarbeiter 134
Kränkungen von und durch Kunden 137
Die »unschuldigen Opfer« 141
Sexuelle Belästigung am Arbeitsplatz 144
Der Mächtige hat immer Recht? 148
Frauen und Macht 151
Frauen an Hochschulen 154
Umgang mit Informationen 159
Arbeitssucht und übermäßige Gewissenhaftigkeit 162
Der Kampf um Gerechtigkeit 163
Außenseiter und Sündenböcke 166
Kränkungen im schulischen Bereich 170
»Minderwertige« Tätigkeiten 173
Kränkung durch drohenden Stellenabbau und
Umstrukturierung 178
Arbeitslosigkeit 180

III Kränkungskompetenz 183

Typische Kränkungssituationen 183
Kommunikation 187
Dialogbereitschaft 190
Indirekte Strategien 195
Konfliktbewältigung 201
Das kooperative Konfliktgespräch 204
Konfliktfähigkeit und Emotionale Kompetenz 207
Verantwortung oder schonen? 211
Selbstwirksamkeit und Selbstachtung 213
Von der Kränkung zur Problemlösung 215
Integration der Lebenswelten 217
Coaching, Therapie, Supervision und Mediation 221
Führen und Geführtwerden 229
Das narzisstische Gleichgewicht herstellen 231

Anmerkungen 234
Literatur, Adressen 237

Dank

Am Beginn dieses Buches danke ich allen, die mir mit Rat und Tat, mit fachlicher und emotionaler Unterstützung zur Seite standen.

Zu allererst danke ich meiner Lektorin Dagmar Olzog, mit der mich neben einer langjährigen, guten beruflichen Zusammenarbeit auch eine tiefe Freundschaft verbindet. In dieser Mischung ist natürlich neben viel Spaß und Freude, gemeinsamen Unternehmungen und großem gegenseitigem Interesse auch ein Kränkungspotenzial enthalten, das jedoch erfreulicherweise eine sehr untergeordnete Rolle spielt und das wir bisher gut gemeistert haben. Ich bin dankbar für ihre Großzügigkeit, mir so viel Zeit zugestanden zu haben, um in Ruhe dieses Buch zu vollenden.

Danken möchte ich Dr. Johanna Müller-Ebert, die mein Manuskript sorgfältig gelesen hat. Sie hat mir viele wichtige Hinweise gegeben in Bezug auf Schwachstellen und Stärken. Ich habe die wertschätzende Begleitung als wohltuend erlebt. In diesem fachlichen Miteinander entstand auch eine emotionale Nähe, die über das Buchschreiben hinausreicht.

Auch Klaus Eidenschink gebührt mein Dank, der mit den Augen des männlichen Organisationsberaters den Blick auf wesentliche Zusammenhänge richtete. Mit Zielsicherheit hat er einiges aufgewirbelt, das sich dann in neuer Ordnung setzen konnte. Eine Stärke, die ich an ihm schätze und die meine Kränkungskompetenz provoziert.

Mein Dank geht auch an all jene, von denen ich gelernt habe, was Kränkungen am Arbeitsplatz bedeuten. Es sind meine Klienten, Supervisanden, Coaches, meine Zuhörer bei Vorträgen und in Seminaren sowie Fremde bei Zufallsbegegnungen. Ein Dank geht auch an meine Kolleginnen Margarete Folwaczny-Baumeister und Gabriele Enders, die trotz eigener Arbeitsbelastung Interesse und Anregungen für das Buch aufbrachten. Ebenso danke ich den Kolleginnen Annette Romainczyk und Angelika Weber, deren Informationen und Rückmeldungen mir sehr hilfreich waren. Ich danke auch meiner Familie und meinen Freunden für ihre Anerkennung und Unterstützung, ohne die ein solches Projekt kaum zu bewerkstelligen wäre.

Hilfreich waren mir auch die Gespräche mit Thomas Pfaff und Dr. Josef Biebl.

»Last not least« danke ich meinen bisherigen Lesern für ihre Treue und ihr Interesse und hoffe, dass ich sie auch mit diesem Buch wieder erreichen kann.

Über dieses Buch

Stellen Sie sich vor, Sie haben sich viel Mühe bei der Ausführung einer Arbeit gegeben und dann wird sie von einem Kollegen oder dem Chef verrissen. Im ersten Moment erschrecken Sie möglicherweise und können kaum glauben, was Sie gerade hören. Sie sind wie gelähmt, schockiert und parieren nicht schlagfertig. Stattdessen spüren Sie die tiefe Enttäuschung, aber auch die Wut über die Ablehnung. Vielleicht schämen Sie sich, dass Sie so ein Versager, so eine Versagerin sind, trauen sich nicht mehr, den anderen in die Augen zu schauen. Innerlich werden Sie trotzig nach dem Motto: »Dann macht doch euren Kram alleine. Ohne mich!« Sie wollen alles hinschmeißen, am liebsten gleich kündigen, die anderen sitzen lassen. Ihre Rachefantasien kennen keine Grenzen. Sie fangen an, die anderen zu verachten, weil die eh keine Ahnung haben und gar nicht verstehen, wie viel Mühe Sie sich gemacht haben.

Diese und viele andere Kränkungssituationen begegnen uns immer wieder im Arbeitsleben. Wie reagieren Sie, wenn Sie sich gekränkt fühlen? Schlagen Sie eher um sich oder ziehen Sie sich deprimiert zurück? Wie geht das System, in dem Sie arbeiten, also Ihre Firma, Ihre Arbeitsgruppe oder Ihr Team, mit einem Kränkungskonflikt um? Wird er unter den Teppich gekehrt oder gelöst? Werden Sie unterstützt oder fallen gelassen? All diese Fragen berühren Menschen in ihrem Arbeitsalltag. Denn Kränkungen geschehen nicht nur in privaten Beziehungen, sondern auch und für manche sogar vorwiegend am Arbeitsplatz. Kränkungen in der Arbeitswelt sind jedoch nicht nur ein persönliches Problem, sondern beeinflussen darüber hinaus die Qualität der Arbeit. Sie können die Zusammenarbeit stören, das Leistungsniveau mindern und sogar Arbeitsgruppen sprengen.

Im ersten Teil des Buches versuche ich das Phänomen Kränkung zu erklären. Es ist eine teilweise hoch emotionale Reaktion auf Geschehnisse, die uns an einem wunden Punkt treffen und uns verletzten. Doch wir müssen nicht gekränkt reagieren, wenn wir beispielsweise kritisiert oder von anderen missachtet werden. Wenn wir Ereignisse nicht negativ auf uns beziehen, können wir das zwischenmenschliche Problem sachlich und konstruktiv lösen. Doch das setzt voraus, dass wir die Verantwortung für unsere Gekränktheit übernehmen und sie nicht als Schuld dem anderen zuschieben. Damit würden wir uns in eine Opfer-Täter-Dynamik begeben, die den Konflikt eskalieren ließe.

Ich fasse Kränkungen als einen speziellen Fall zwischenmenschlicher Konflikte auf, die sich dadurch auszeichnen, dass sie das Selbstwertgefühl angreifen und schwächen. Die Betroffenen haben das Gefühl, zu kurz zu kommen, weniger wert zu sein, benachteiligt oder sogar abgelehnt zu werden. Werden sie nicht berücksichtigt, gesehen oder gehört, wird also ihr narzisstisches Bedürfnis nach Beachtung nicht ausreichend befriedigt, dann reagieren sie meist verletzt und gekränkt.

Kränkungen am Arbeitsplatz entstehen häufig dort, wo Mitarbeiter alle Arten von Konflikten im Betrieb zu Beziehungskonflikten machen, indem sie sie persönlich nehmen, gegen sich gerichtet erleben und sich entwertet fühlen. Im zweiten Teil des Buches geht es darum, dass dabei Einflüsse der Organisation eine ebensolche Rolle spielen wie persönliche und zwischenmenschliche Faktoren. Wir können gekränkt reagieren auf drohenden Stellenabbau, auf Umstrukturierungen oder Arbeitslosigkeit, aber ebenso auf hierarchische Ungleichheiten, Informationsdefizite, unklare Arbeitsaufträge und ungerechtfertigte Machtausübung. Zwischen Menschen können Konkurrenz, Kritik, Launenhaftigkeit, Besserwisserei oder Bevormundung Kränkungsreaktionen auslösen. Abhängig von der Persönlichkeitsstruktur reagieren Menschen mehr oder weniger kompetent auf Einschränkungen oder Zurückweisungen. Je stärker ihr Selbstwertgefühl auf Anerkennung und Bestätigung angewiesen ist, umso mehr Schwierigkeiten werden sie haben und umso höher wird ihre Kränkbarkeit ausfallen.

Das Gefühl, ungerecht behandelt zu werden, öffnet Kränkungsgefühlen Tür und Tor. Dahinter stehen oft überhöhte Erwartungen an den Arbeitsplatz, die Kollegen und Vorgesetzten. Die Idee, dass Güter, Zuwendung und Anerkennung gerecht verteilt werden, wird oft enttäuscht, aber bereits die Einschätzung, was gerecht ist, ist durch eine persönliche Sicht gefärbt. Der Kampf um Recht und Gerechtigkeit geht daher meist unbefriedigend aus.

Auch die vielfältigen Rollenansprüche, welche die Menschen am Arbeitsplatz erfüllen und integrieren müssen, führen häufig zu Problemen. So muss die Privatperson sowohl ihren persönlichen Interessen nachkommen als auch die Forderungen der professionellen und der organisatorischen Ebene erfüllen. Vermischungen und Diskrepanzen zwischen den drei Ebenen besitzen ein Kränkungspotenzial.

Kränkungen sind zwischenmenschliche Belastungssituationen und daher soziale Stressoren. Sie entfalten ihre Wirkung durch die Akkumulation vieler kleiner oder größerer ärgerlicher Vorkommnisse, wie Zurückweisungen, Kritik, Ablehnung, Meinungsverschiedenheiten und dergleichen. Die Folgen von sozialem Stress können psychosomatische Erkrankungen sein, der Abfall der Leistung und der Arbeitsmotivation, seelische Beeinträchtigungen wie Depressionen oder zumindest der Verlust von Wohlgefühl und Freude, aber auch die Verschlechterung der sozialen Beziehungen. Daher ist es wichtig, die eigene Kränkbarkeit zu kennen, zu wissen, auf welche Faktoren man mit Kränkungsgefühlen reagiert und wie dies zu überwinden ist. Denn Konflikte, auch die aus Kränkungen heraus, neigen zur Eskalation, und wenn wir nicht Acht geben, münden sie in einen zerstörerischen Kampf oder sogar Krieg.

Daher ist es wichtig, eine Kränkungskompetenz (Teil 3) zu entwickeln, die es uns möglich macht, leichter und konstruktiver mit Kränkungen umzugehen. Das kann erreicht werden durch eine offene, gewaltfreie Kommunikation, durch die Erhöhung der emotionalen und sozialen Kompetenz, durch Steigerung des Selbstwertgefühls und der Durchsetzungskraft. Die Hilfe durch neutrale Dritte hat sich bei der Überwindung von Kränkungskonflikten bewährt, sei es durch unparteiische Freunde oder professionelle Therapeuten, Berater oder Coachs. Neben der Heilung seelischer Verletzungen als Ansatzpunkt von Kränkungsreaktionen helfen sie auch bei der Entwicklung von Kränkungskompetenz und der Wiederherstellung des narzisstischen Gleichgewichts.

Das Thema Mobbing berühre ich nur am Rand, denn nicht jede Kränkung ist Mobbing. Eine Kränkung kann jedoch zu einem Mobbinggeschehen werden, wenn der Konflikt sich zwischen den betroffenen Personen nicht klären lässt und sich eine Partei in eine ausweglose Position gedrängt fühlt oder selbst manövriert. Wenn Sie jedoch lernen, konstruktiv mit Kränkungskonflikten umzugehen, können Sie möglicherweise vermeiden, in ein Mobbing verstrickt zu werden, oder sich zumindest besser daraus befreien.

Noch ein Wort zum Thema Geschlecht. Da Kränkungen sowohl Männer als auch Frauen betreffen, müsste ich immer beide Formen, die männliche und die weibliche, verwenden. Das zerstört jedoch den Fluss des Textes und daher habe ich allein die männliche Form gewählt, außer in den Kapiteln, in denen es speziell um Frauen geht. Wenn ich also vom Chef schreibe, kann es ebenso eine Chefin sein, wie auch der Kollege eine Kollegin sein kann. Die Wahl der männlichen Form beinhaltet weder eine Wertung noch eine Bevorzugung irgendeines Geschlechts, sondern ist eine einigermaßen akzeptable Lösung für ein schwer lösbares Problem.

Dieses Buch ist für all jene gedacht, die unter Kränkungssituationen im Beruf leiden, egal ob sie selbst davon betroffen oder ob sie als Führungskraft damit konfrontiert sind. Denn Menschen in Führungspositionen haben einen großen Einfluss auf den Umgang mit Kränkungskonflikten. Je nachdem, ob sie eher zur Konfliktvermeidung oder offenen Konfliktlösung tendieren, ob sie selbst sehr kränkbar sind oder dazu neigen, ihre Mitarbeiter zu entwerten, werden sie eher in die Kränkungsdynamik hineingezogen oder können von einem neutralen Platz aus den Konflikt unterstützend lösen helfen. Das Buch ist aber auch noch für eine dritte Gruppe von Personen geeignet, nämlich diejenigen, die der Kränkung beiwohnen und vielleicht sogar versuchen, den Konflikt zu entschärfen. Wie können Sie sich als Kollegin oder Kollege verhalten? Werden Sie in den Streit hineingezogen oder bleiben Sie neutral?

Ich bin überzeugt, dass es mit zum Erdenleben gehört,
dass jeder in dem gekränkt werde,
was ihm das Empfindlichste, das Unleidlichste ist.
Wie er da herauskommt,
ist das Wesentliche.

Rahel Varnhagen

I Das verletzte Selbstwertgefühl

Wir werden nicht einfach gekränkt

Gestern fühlte ich mich durch meinen Kollegen zurechtgewiesen, weil er mir Überheblichkeit vorwarf, die ich jedoch weder spürte noch ausdrücken wollte. Ich hatte ihm zu verstehen gegeben, dass ich mich mit dem Thema Ess-Störungen intensiv beschäftigt hätte, daher viel Material darüber habe und mir nicht klar sei, welche und wie viel Information er von mir brauche. Ich blätterte meine Aufzeichnungen durch und sagte halb zu mir, halb zu ihm: »Ich hab so viel Material, was kann ich dir noch alles erzählen?« Er fühlte sich durch diese Bemerkung als dumm hingestellt nach dem Motto: »Du hast keine Ahnung und ich weiß alles.« Leider ließ er meine Erklärung, dass ich es nicht so gemeint habe, nicht gelten, er wollte sie nicht einmal hören. Ich fühlte mich missverstanden, weil ich mich mit einer Unterstellung konfrontiert sah, die meiner Wahrnehmung widersprach und ein negatives Urteil über mich enthielt. Außerdem konnte ich gegen seine in meinen Augen schlechte Meinung über mich nichts ausrichten – eine Situation, in der ich gewöhnlich anfange zu kämpfen, um das »falsche« Bild zurechtzurücken, das der andere von mir hat. In diesem Fall war weder die Gelegenheit noch der Zeitpunkt günstig, weshalb ich es so stehen lassen musste. Das hatte den Vorteil, dass wir nicht in Streit darum gerieten, wer nun Recht hat, und ich mich stattdessen auf meine Selbsteinschätzung verlassen musste. Gut, dass ich mir so sicher war, sonst hätte ich mir möglicherweise viele Gedanken darüber gemacht, ob ich vielleicht doch überheblich war. Auch Schuldgefühle hätten mich befallen können nach dem Motto: »Wie kannst du dich nur so falsch verhalten?« Oder ich wäre sauer auf ihn geworden, dass er mich so falsch einschätzt. Stattdessen wurde mir klar, dass sich der Kollege durch meine Bemerkung wohl abgewertet gefühlt hatte.

An wem liegt nun das Problem? An seinem falschen Bild von mir, dass ich überheblich sei, oder an meiner Bemerkung über mein Wissen oder an seiner eigenen Empfindlichkeit? Oder liegt es an meiner Einstellung, dass er kein »schlechtes« Bild von mir haben darf und ich auf jeden Fall vermeiden müsse, überheblich zu wirken? Oder habe nicht ich, sondern er das Problem, weil er vielleicht Angst hat, dumm zu wirken, oder unter dem Druck steht, alles besser wissen zu müssen?

Interessanterweise kann es an allem liegen und trotzdem ist keiner schuld, weil wir die Kränkungssituation gemeinsam gestalten.

Meine Bemerkung über mein Wissen wird von meinem Kollegen so interpretiert, als würde ich mich über ihn erheben. Bei einem anderen Kollegen, der keine Angst hat, für dumm gehalten zu werden, würde sie vielleicht Freude auslösen, weil er sich die Informationen nicht selbst zusammentragen muss. Die Entwertung, die mein Kollege empfindet, verantworte nicht ich, sondern seine Interpretation meiner Aussage. Meine Äußerung ist der Anlass für seine Reaktion, aber nicht der Grund. Die Ursache für sein Gefühl, entwertet worden zu sein, liegt bei ihm und seiner Einstellung.

Das mag möglicherweise Ihrer herkömmlichen Meinung über Kränkungen widersprechen. Denn in der Regel wird derjenigen Person die Schuld gegeben, durch die wir uns missachtet, entwertet oder zurückgewiesen fühlen. Der Gekränkte ist das so genannte Opfer, der Kränker der Täter. Wie sähe das nun im obigen Fall aus? Ich wäre in den Augen meines Kollegen die Täterin, weil ich eine ihn entwertende Bemerkung gemacht habe und er zum Opfer meiner Äußerung wurde. Zugleich schöbe er mir die Schuld für seine Unterlegenheitsgefühle zu, die nur deshalb entstanden sind, weil ich mich falsch verhalten habe. Das heißt, ihm ginge es besser, wenn ich mich richtig verhalten hätte. In meinen Augen dagegen wäre er der Täter, weil er mir etwas Negatives unterstellt und nicht bereit ist, seine Meinung über mich zu revidieren. Er wäre also schuld an meiner Kränkungsreaktion. Die Schuldfrage könnten wir nun unendlich lange hin- und herschieben und uns dabei womöglich immer mehr verletzen, am Ende vielleicht sogar heftig streiten.

Wie Sie an diesem einfachen Beispiel sehen können, kommen wir mit der Kategorie Schuld nicht weit, weil wir dadurch den Konflikt nicht lösen, sondern höchstens verstärken. Indem wir die Verantwortung dem anderen zuschieben, statt sie für uns zu übernehmen, denken wir in einer Täter-Opfer-Kategorisierung, die dem so genannten Dramadreieck (Begriff aus der Transaktionsanalyse) zugeordnet wird.

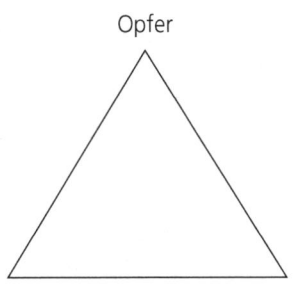

Täter, Opfer und Helfer sind drei Rollen im Dramadreieck, die von den Beteiligten eingenommen werden. Fühlt sich mein Kollege von mir gekränkt, stempelt er sich zum Opfer und mich zur Täterin.

Täter, Opfer und Helfer könnten sich folgendermaßen äußern:

Opfer: »Ich Armer werde immer für dumm gehalten.« An den Täter gerichtet: »Wie kannst du mir das nur antun?«

Ich meinerseits kann nun in der Täterrolle bleiben und ihn zurechtweisen: »Für wen hältst du dich, dass du mich überheblich nennst?«

Oder ich schlüpfe in die Helferrolle und versuche ihn zu retten: »Du Armer, was kann ich für dich tun, damit es dir wieder gut geht?«

Oder ich werde selbst zum Opfer: »Nun wollte ich dir was Gutes tun und ernte nur Vorwürfe.«

Wie Sie sehen, sind die einzelnen Rollen nicht festgelegt, sondern variabel.

Ein Opfer kann zum Täter werden, wenn es den Täter zurechtweist, und aus dem Täter kann ein Opfer werden, wenn er sich schlagen lässt und sich bemitleidet. Charakteristisch an dieser Opfer-Täter-Helfer-Dynamik ist die Schuldfrage: Jeder gibt dem anderen die Schuld und reagiert nach einem bestimmten Drehbuch. Das Opfer nimmt die Rolle des hilflosen Menschen ein, der den anderen ausgeliefert ist und sich nicht wehren kann. Der Täter wiederum verfolgt die anderen, weist sie auf ihre Fehler hin, ruft sie zur Ordnung und überhebt sich über sie. Der Retter hingegen will nichts anderes als helfen, springt den anderen bei, auch wenn sie ihn gar nicht darum gebeten haben, und setzt sich für andere ein, auch wenn es für ihn selbst große Mühe bedeutet. Ein Ende der Täter-Opfer-Verfolgung gibt es jedoch trotz des Helfers nicht, weil auch er nicht neutral, sondern Teil des Dramadreiecks ist. Nach dessen Gesetzen wird er entweder auf der Seite des Opfers stehen, ihm Recht geben und es gegen den Täter verteidigen. Oder er paktiert mit dem Täter und gibt dem Opfer die Schuld. Sowohl der Täter als auch das Opfer haben ausreichend Argumente für ihre Bewertung der Situation, um den Helfer auf ihre Seite zu ziehen. Das psychologische Spiel innerhalb des Dramadreiecks kann nur beendet werden, wenn wenigstens einer der Beteiligten seine Rolle verlässt, indem er Verantwortung für sich übernimmt, statt die Schuld dem anderen zu geben.

Wie sähe das im obigen Fall aus?

Um eine dramatische Zuspitzung der Situation zu vermeiden, läge es an mir, Schuldzuschreibungen an meinen Kollegen zu unterlassen und ihn nicht zum »Buhmann« zu stempeln. Empörung, Beleidigtsein, Grollen oder sogar der Wunsch, es ihm heimzuzahlen, können dadurch gemildert werden. Statt mich selbst als schlecht zu verurteilen und als Versagerin abzustempeln, könnte ich den Stich spüren, den es mir gibt, wenn er mich überheblich nennt. Mit diesem Stich können vielfältige Gefühle verbunden sein wie Bedauern oder auch Scham. Aus diesen resultiert vielleicht der Wunsch, mich zu entschuldigen: »Das tut mir leid, dass es so bei dir ankam. Ich wollte dich nicht verletzen.« Oder es setzt eine konstruktive Form der Selbstreflexion in Gang, bei der die Rückmeldung des Gekränkten hilfreich sein kann: »Was war es, das so überheblich wirkte, mein Tonfall, die Worte oder was?« Dadurch bekäme ich Hinweise darauf, wie mein Verhalten auf andere wirken kann. Das ist eine wichtige Voraussetzung, um Korrekturen einzuleiten. Ich lerne dadurch jedoch auch etwas über den anderen, über seine Art, die Dinge wahrzunehmen, über seine Empfindlichkeit und darüber, was ihm wichtig ist.

Eine andere Variante, auf die Bemerkung des Kollegen zu reagieren, könnte sein, sie zurückzuweisen: »Ich fühle mich missverstanden durch das, was du gesagt hast, und erlebe mich gar nicht überheblich.« Nicht jede Einschätzung des anderen über mich muss nämlich stimmen und ich kann und darf mich dagegen wehren.

Wie Sie sehen, haben wir vielfältigere Möglichkeiten, mit Entwertungen umzugehen, als nur den Vorwurf: »Du hast mich gekränkt«, und dadurch den anderen zum Täter und uns zum Opfer zu stempeln. »Du hast mich gekränkt« ist überhaupt der falsche Ausdruck, es müsste richtiger heißen: »Ich bin gekränkt.« Damit übernehme ich die Verantwortung und schiebe sie nicht dem anderen zu. Denn dass mich die Aussage meines Kollegen, ich sei überheblich, verletzt, kann er nicht wissen, ebenso wenig wie ich ahnte, dass meine Bemerkung über die Menge meines Informationsmaterials für ihn entwertend wirkte.

Eine Kritik kann mich kränken, muss es aber nicht zwangsläufig. Wenn ich mir meiner Leistung oder der Richtigkeit meines Verhaltens sicher bin, dann kann mir die Kritik wichtige Informationen darüber geben, was ich besser machen kann. Bin ich aber unsicher, dann kann die Kritik mein Selbstwertgefühl derart berühren, dass ich mich als Versagerin betrachte. Das heißt, eine Kritik ist an sich keine Kränkung, sie wird nur dann zu einer, wenn ich mich dadurch unterlegen und unfähig fühle und verletzt reagiere.

Das heißt aber auch, dass ich nicht weiß, wodurch sich andere Menschen abgelehnt fühlen. Fühlen sie sich durch eine Bemerkung von mir verletzt, dann kann es gut sein, dass ich das gar nicht bemerke, sondern nur an deren Reaktion spüre. Grüßt mich meine Kollegin morgens nicht so freundlich wie sonst, dann hat sie sich vielleicht gestern durch mich zurückgesetzt gefühlt und ist heute noch beleidigt. In der Alltagssprache würden wir sagen: Sie ist beleidigt, weil ich sie gekränkt habe. Ich bekomme den schwarzen Peter zugeschoben, obwohl ich gar nicht weiß, dass ich etwas getan habe.

Spitzfindig sei das, meinen Sie? Nun ja, vielleicht. Doch diese Spitzfindigkeit weist auf einen wesentlichen Punkt im Erleben und Überwinden von Kränkungen hin. Um eine Kränkung zu erleben, bedarf es einiger Voraussetzungen:

- ein wunder Punkt, der uns verletzlich macht
- die Bereitschaft, dem anderen die Schuld an unserem Elend zuzuschieben
- die Ablehnung der Verantwortung für die eigenen Gefühle
- Dinge, die uns widerfahren, persönlich gegen uns gerichtet zu verarbeiten

Wir selbst sind es, die entscheiden, ob eine Bemerkung, Handlung oder eine Unterlassung uns negativ berührt oder nicht, es ist nicht der andere. Auch kann ich keine Verantwortung dafür übernehmen, ob sich die andere Person abgelehnt fühlt oder nicht, die muss und kann nur sie selbst tragen. Das Einzige, was ich machen kann, ist, achtungsvoll mit anderen umzugehen. Aber ob und was an meinem Verhalten jemanden verletzt, kann ich weder vorhersehen noch vermeiden.

Kränkungen im Sinne des Sich-entwertet-Fühlens sind subjektive Erlebnisse, die auf der Art und Weise beruhen, wie wir das Verhalten der anderen Person interpretieren.

Der Philosoph Epiktet hat diesen Sachverhalt schon vor über 2000 Jahren formuliert und seine Aussage dient diesem Buch als Leitmotiv.

Ein Rat von Epiktet

Sei dir dessen bewusst, dass dich derjenige nicht verletzen kann,
der dich beschimpft oder schlägt;
es ist vielmehr deine Meinung,
dass diese Leute dich verletzen.
Wenn dich also jemand reizt, dann wisse,
dass es deine eigene Auffassung ist, die dich gereizt hat.
Deshalb versuche vor allem,
dich von deinem ersten Eindruck nicht hinreißen zu lassen.
Denn wenn du dir Zeit zum Nachdenken nimmst,
dann wirst du die Dinge leichter in den Griff bekommen.

(Epiktet, griechischer Philosoph, um 50–138 n.Chr.)

Besonderheiten von Kränkungen am Arbeitsplatz

Kränkungen am Arbeitsplatz sind nicht nur ein persönliches Problem, sondern haben auch einen direkten Einfluss auf die Qualität der Zusammenarbeit und das Leistungsniveau des Einzelnen wie auch des Teams. Auch wenn Kränkungen immer nur persönlich erlebt werden, darf man die Tragweite ihrer Wirkung auf die Arbeitssituation nicht unterschätzen. Denn wenn Kränkungsgefühle unkontrolliert ausgelebt werden, müssen wir damit rechnen, dass sie großen emotionalen Schaden anrichten können, der manchmal sogar nicht wieder gutzumachen ist. Aber nicht nur das. Durch schwelende oder aktuelle Kränkungskonflikte im Beruf sind nicht nur Arbeitsplätze gefährdet, sondern es stehen darüber hinaus die Zusammenarbeit und die Qualität der Arbeit auf dem Spiel sowie der Erhalt der Arbeitsgruppe, möglicherweise sogar der ganzen Institution.

Leidet beispielsweise der Vorgesetzte unter der größeren fachlichen Kompetenz eines Mitarbeiters und lässt dieser ihn noch dazu seine Überlegenheit spüren, dann verarbeitet jener diese Tatsache womöglich als persönliche Entwertung, die in der Folge seine Führungsfunktion beeinträchtigen kann. Entweder wird er sich beschämt zurücknehmen und das Feld diesem Mitarbeiter überlassen, also seine Führungsaufgaben indirekt abgeben, oder er wird aus einem Minderwertigkeitsgefühl heraus die Zügel zu stark anziehen und autoritär signalisieren, »wer hier der Chef ist«. Wenn er daraufhin seine Mitarbeiter verstärkt kontrolliert oder ihnen sogar Kompetenzen oder Entscheidungsspielräume entzieht, kann sie das verletzen und die Stimmung in der Abteilung verschlechtern. Beide Reaktionsweisen des Chefs haben auf das Arbeitsklima ebenso Einfluss wie auf die Motivation der Angestellten und ihren leistungsmäßigen Output.

Eine weitere Besonderheit von Kränkungen am Arbeitsplatz resultiert aus der Unvereinbarkeit unterschiedlicher Rollen als Person, als Funktionsinhaber und als Angehöriger einer Profession. (Siehe III: Integration der Lebenswelten.) Klaffen beispielsweise die persönlichen Überzeugungen und die Anforderungen des Berufs oder der Funktion stark auseinander, so kann das eine persönliche Verletzung bedeuten.

Ein Konflikt zwischen persönlicher und Funktionsebene liegt etwa vor, wenn es um die Entlassung eines Mitarbeiters geht. Als Personalchef hat jemand Sorge zu tragen, dass die Stellen mit den richtigen Leuten besetzt sind, als Person tut es ihm weh, jemanden entlassen zu müssen, auch wenn er die an ihn gestellten Anforderungen nicht erfüllt. Die Kränkung für den Personalchef kann auf der professionellen Ebene darin liegen, dass er es als sein Versagen interpretiert, die falsche Person eingestellt zu haben.

Auf der persönlichen Ebene läge die Enttäuschung darin, seine Werte von Menschlichkeit und Güte nicht erfüllen zu können. Der Mitarbeiter wird in seiner Funktionsrolle vielleicht erleichtert auf die Entlassung reagieren, wenn ihn die Aufgabe überfordert hat. Als Person dagegen wird er den Verlust des Jobs wahrscheinlich als Versagen verbuchen und mit Kränkungsgefühlen reagieren.

Ein weiterer wesentlicher Punkt bei Kränkungen am Arbeitsplatz sind Strukturen der Arbeitswelt, die ein Kränkungspotenzial besitzen, beispielsweise, wenn bestimmte Stellen nur mit Männern besetzt werden oder wenn Mitarbeiter aufgrund ihrer Position am Ende der Hierarchie ausgebeutet oder entwertend behandelt werden. Ob diese strukturellen Ungleichheiten als persönliche Kränkung verarbeitet werden, hängt von jeder einzelnen Person ab. Sie könnten auch mit Ärger oder Protest beantwortet oder einfach hingenommen werden. Der persönliche Hintergrund und die bisherigen Berufserfahrungen des Mitarbeiters beeinflussen seine Kränkungsbereitschaft und die daraus resultierende Reaktion.

Ein viertes wesentliches Merkmal von Kränkungen am Arbeitsplatz ist die starke Verknüpfung der Sachebene und der emotionalen oder Beziehungsebene. Das bedeutet, dass es nicht nur um den inhaltlichen Konflikt geht, wie etwa eine Kündigung, sondern auch um die persönliche Betroffenheit, die mit diesem Ereignis verbunden ist. Geht ein Arbeitnehmer vor Gericht, um gegen die Kündigung zu klagen, und einigen sich die Parteien auf eine Abfindung, dann wäre damit im Grunde der sachliche Konflikt aufgrund eines gemeinsamen Kompromisses gelöst und der Mitarbeiter könnte zufrieden sein. Das trifft in vielen Fällen jedoch nicht zu. Eine sachliche Einigung trägt nicht automatisch zu einer emotionalen Versöhnung bei. Die Demütigung, die der Arbeitnehmer durch die Entlassung erlebt hat, wäre in diesem Fall mit Geld nicht aufzuwiegen, der erlittene Gesichtsverlust nicht ausgeglichen, da die seelische Verletzung weiter besteht. Manchmal kann sogar die sachliche Lösung eine weitere Kränkung bedeuten. Wenn beispielsweise jemandem aufgrund von Krankheit ein anderer Posten in derselben Firma angeboten wird, der jedoch eine weniger anspruchsvolle Tätigkeit beinhaltet, kann das der Arbeitnehmer als Entwertung und Degradierung erleben. Vordergründig scheint das unverständlich, da er doch auf diese Weise seinen Arbeitsplatz sichern würde. Seelisch jedoch kann es für ihn eine Zumutung bedeuten, eine solche Arbeit machen zu müssen, was die Kränkung durch die Krankheit noch erhöht.

Anders als in privaten Beziehungen können wir uns bei der Lösung von Kränkungskonflikten im Arbeitsalltag nicht auf Vertrauen, Sympathie und Freundschaft verlassen, die sonst eine Basis für Versöhnung bilden. In Arbeitsbeziehungen spielen Faktoren wie Konfliktfähigkeit, soziale Kompetenz und Durchsetzungsvermögen eine wesentliche Rolle. Die emotionale Unterstützung finden wir nur selten in ausreichendem Maße bei Kollegen und Vorgesetzten, im Fall eines Konflikts vielleicht überhaupt nicht. Da sie bei der Überwindung einer Kränkungsreaktion jedoch von erheblicher Bedeutung ist, sollte sie von den Betroffenen bei vertrauten Menschen oder Fachleuten gesucht werden.

Vom Schmerz bis zur Empörung

Wenn Sie sich gekränkt fühlen, dann spüren Sie in der Regel Ohnmacht, Wut, Verachtung, Enttäuschung, Traurigkeit und Trotz. An der Person, von der Sie sich verletzt fühlen, möchten Sie sich rächen oder den Kontakt zu ihr abbrechen. Denn mit einem Menschen, von dem Sie sich gedemütigt, beleidigt oder entwertet fühlen, wollen Sie nichts mehr zu tun haben. Eine Kränkung bedeutet eine Schwächung Ihrer positiven Selbsteinschätzung und Sie fragen sich, was Sie wohl falsch gemacht haben oder was an Ihnen falsch ist. Gleichzeitig sind Sie empört, wie die anderen mit Ihnen umgehen, Sie ärgern sich, fühlen sich aber zugleich abgewertet und aus dem inneren Gleichgewicht gebracht. Innerlich erstarren Sie möglicherweise vor Schreck, halten den Atem an und fühlen sich wie geohrfeigt.

Je mehr Ihre Selbstachtung getroffen ist, umso stärker wird Ihre Kränkungsreaktion ausfallen. Sie sind dann unversöhnlich, hüllen sich in Schweigen, sind empört, aber auch traurig. Meist fällt es Ihnen schwer, im Moment der Kränkung klare Gedanken zu fassen und Einfälle zu entwickeln, wie Sie Ihre Position vertreten und Ihre Arbeit »verteidigen« können. Die besten Argumente fallen Ihnen leider viel zu spät ein.

Kränkungsgefühle wie Ohnmacht, Wut, Verachtung, Enttäuschung, Traurigkeit und Trotz können mitunter sehr lange anhalten und bestimmen Ihre Selbstwahrnehmung und die Beziehung zu Ihren Kollegen, Vorgesetzten und Untergebenen. Je stärker Ihr Selbstwertgefühl getroffen ist, umso negativer sehen Sie sich und Ihre Arbeit. Schlimmstenfalls werten Sie sich sogar ab, klagen sich wegen Ihrer Unfähigkeit an und bestrafen sich selbst. Auf die anderen sind Sie wütend, sinnen auf Rache, sind unversöhnlich und brechen die Beziehung ab, zumindest innerlich. Sie gehen auf Versöhnungsangebote der anderen nicht ein, weisen sie sogar zurück oder sind empört, wenn diese so tun, als sei nichts vorgefallen. Auch auf Besänftigungen wie: »So war das doch nicht gemeint« oder Entschuldigungen wie: »Sorry, ich wollte dich nicht treffen. Du bist halt viel zu empfindlich« reagieren Sie nur mürrisch und fühlen sich erneut missverstanden. Denn keiner sieht, wie schlimm es für Sie ist, keiner versteht Ihr Entsetzen – im Gegenteil, die anderen ziehen sich zurück und Sie fühlen sich alleingelassen. Dadurch erleben Sie sich vielleicht noch mehr missachtet: »Ich bin es nicht wert, dass sich jemand die Mühe macht, mich zu verstehen.« Ein typischer Opfer-Satz! Die Kränkungsspirale bohrt sich immer weiter in die Tiefe und Sie kommen sich vor wie ein verwundetes Tier. An diesem Punkt haben Sie den Gipfel der Opferhaltung erreicht und ertrinken fast in Selbstmitleid, merken es aber gar nicht, weil Sie sich im Recht fühlen. Weil der andere »so böse« ist, müssen Sie leiden.

Vorsicht! Mit diesem Denken verteilen Sie Täter-Opfer-Rollen, die Ihre schmerzliche Situation nur zementieren. Was können Sie dagegen tun?

Im Umgang mit Kränkungen im Arbeitsleben sollten Sie zwei Dinge berücksichtigen: Zum einen gibt es Wege, die Kränkungsgefühle zu überwinden, und zum zweiten können Sie sich mental auf Kritik und Zurückweisungen vorbereiten, um schon im Vorfeld Strategien zu entwerfen, die Ihnen in aktuellen Situationen helfen. In den nächsten beiden Kapiteln versuche ich, Ihnen zu zeigen, wie das geht.

Vom Ersatzgefühl zum echten Gefühl

Kränkungsgefühle sind keine echten Gefühle, sondern Zustände, die lange anhalten können, ohne sich zu verändern. Echte Gefühle dagegen bauen sich bis zu einer Spitze auf und flachen dann allmählich wieder ab.

»Das Gefühl kommt auf, wird voll wahrgenommen, führt zu einer Handlung, einem Entschluss oder auch nur einer als Erfüllung erlebten Bewegung und verklingt wieder. Der seelische Raum wird frei für ein neues Erleben.«[1]

Echte Gefühle im Zusammenhang mit seelischen Verletzungen sind Schmerz, Wut, Scham und Angst. Diese Gefühle werden in Kränkungssituationen kaum oder gar nicht gespürt, geschweige denn ausgedrückt. Wie oben schon beschrieben, klingen sie zwar an, sind aber überdeckt von Rachegedanken, Empörung, Ohnmacht, Enttäuschung und Trotz. Das sind gleichsam die Ersatzgefühle, welche die echten Gefühle überlagern, ohne dass es die Betroffenen bewusst wahrnehmen. »Echt« bedeutet in diesem Zusammenhang keine Wertung wie »richtig« oder »falsch«, sondern dass es sich nicht um Ersatzgefühle handelt.

Ersatzgefühle haben den Vorteil, dass sie uns vor schmerzlichen oder unangenehmen Gefühlen schützen. Statt beispielsweise die Scham zu spüren, sind wir lieber empört. Es stellt sich jedoch die Frage, ob Sie sich Ersatzgefühle und die daraus resultierenden Verhaltensweisen im Berufsalltag erlauben können. Machen Sie damit nicht mehr kaputt, als Sie erreichen wollen? Was bringt es Ihnen, wenn Sie die Arbeit trotzig verweigern, weil Sie Ihrem Chef etwas heimzahlen wollen? Was für Konsequenzen hat es, wenn Sie die Kollegen auflaufen lassen, weil Sie sich rächen wollen? Was hat es für einen Effekt auf Ihre Untergebenen, wenn Sie als Chef die Weitergabe von Informationen verhindern, nur um Ihr Selbstwertgefühl zu stärken und Ihre Machtposition zu demonstrieren?

Ich kann mir nicht vorstellen, dass es Ihnen nützt, sondern im Gegenteil, es kann Ihnen viele Nachteile bringen. Im Grunde können Sie sich Kränkungsreaktionen im Berufsalltag nicht leisten, ohne mit negativen Konsequenzen rechnen zu müssen. Das heißt keinesfalls, dass Sie sich alles gefallen lassen müssen oder nicht verletzt sein dürfen.

Im Gegenteil! Wenn es Ihnen gelingt, Ihre Ersatzgefühle zu überwinden und stattdessen Ihre echten Gefühle zu spüren, haben Sie die Möglichkeit, die Konfliktsituation zu lösen, ohne »Porzellan zu zerschlagen«. Das bedeutet, die Wut, die Scham, die Angst und den Schmerz wahrzunehmen, die mit der Zurückweisung oder Ablehnung verbunden sind. Denn wütend zu sein, Angst zu haben, sich zu schämen oder traurig zu sein, ist etwas anderes, als trotzig, ohnmächtig oder empört zu sein. Dann sind Sie traurig, weil der Erfolg ausbleibt; Sie haben Angst, versagt zu haben; schämen sich für eventuelle Fehler oder sind wütend, aber nicht gekränkt, beleidigt, ohnmächtig oder destruktiv gegen sich und die anderen.

Über Ihre echten Gefühle finden Sie einen Weg, die Opferposition zu verlassen, mit Ihrer Verletzung umzugehen und den Konflikt mit den Arbeitspartnern eventuell sogar konstruktiv zu lösen.

Doch beachten Sie: In der Regel ist es ungünstig, Ihren echten Gefühlen im Berufsalltag freien Lauf zu lassen und sie ungezügelt auszudrücken. Es bringt nichts, wutentbrannt in das Zimmer Ihres Kollegen zu stürmen und ihm all das an den Kopf zu werfen, was Sie aktuell auf dem Herzen haben oder was sich schon seit Monaten in Ihnen aufgestaut hat. Auch ist der Arbeitsplatz nicht geeignet, sich Ihrem tiefen Schmerz hinzugeben. Sorgen Sie für einen geschützten Rahmen in einer Beratung, einem Coaching oder bei einem guten Freund, wo Sie Ihren Gefühlen Raum geben können. Ich komme zu einem späteren Zeitpunkt noch eingehender auf die Rolle der Unterstützer zurück.

Das Spüren Ihrer echten Gefühle und der Ausdruck von Schmerz, Wut, Angst und Scham haben neben der Überwindung der Ersatzgefühle noch einen zweiten Vorteil: Sie stärken Ihr Selbstwertgefühl und helfen, konstruktive Lösungen zu finden. Denn Kränkungen machen blind und verschlossen für positive Entwicklungen. Sie führen dazu, sich in unangenehme Gefühlszustände zu vergraben, aggressiv zu reagieren oder sich deprimiert zurückzuziehen. Ihre Gedanken kreisen ständig um das verletzende Ereignis und die »böse« Person, was Ihre Rachegedanken und Aggressionen nur noch mehr schürt. Was fehlt, ist ein Impuls für eine Lösung, wie Sie sich von diesem Ereignis befreien können und Ihr inneres Gleichgewicht wieder finden.

Für einige von Ihnen mag es widersprüchlich oder unverständlich klingen, wie Sie über Ihre echten Gefühle zu einem inneren Gleichgewicht finden können. Doch bedenken Sie, dass alle Gefühle eine innere Spannung und Erregung erzeugen. Diese spüren Sie beispielsweise an dem Kloß im Hals bei Traurigkeit, dem Rotwerden bei Scham und dem Zittern bei Angst. Sie erleichtern sich von diesem Druck, wenn Sie diese Gefühle zulassen. Dabei geht es am Arbeitsplatz weniger darum, den Kollegen, Vorgesetzten oder Kunden Ihre Gefühle offen zu zeigen, weil Sie sich dadurch möglicherweise angreifbar machen. Das Erlösende liegt in der Wahrnehmung Ihrer Gefühle und der damit einhergehenden Möglichkeit, sich bei vertrauten Menschen gezielt Trost, Unterstützung und Verständnis zu holen.

Das ist nämlich der Dreh- und Angelpunkt bei der Überwindung von Kränkungen: Statt sich minderwertig, unfähig oder unverstanden zu fühlen, sich klein zu machen oder die anderen abzuwerten, treten Sie in Kontakt mit Ihren Gefühlen und konzentrieren sich auf die Lösung statt auf das Leiden. Doch ich möchte es noch einmal betonen: Der Arbeitsplatz ist meist nicht der geeignete Ort, um sich von emotionalen Spannungen zu befreien. Dafür gibt es außerhalb geeignetere Räume.

Das nachfolgende Modell des Kränkungszyklus kann Ihnen noch einmal den unterschiedlichen Stellenwert der Kränkungsgefühle und der echten Gefühle verdeutlichen:

Kränkungszyklus

Verletzung durch andere aufgrund von Zurückweisung, Kritik, Ablehnung und dergleichen.

Die Verletzung löst echte Gefühle wie Schmerz, Scham, Wut und Angst aus.

Schmerz, Scham, Wut und Angst werden abgewehrt.

Erlebt werden die Kränkungsgefühle (Ersatzgefühle): Empörung, Verachtung, Ohnmacht, Enttäuschung und Trotz.

Die Folge sind: Beleidigtsein, Rachefantasien oder -handlungen, Gewalt gegen sich und andere, Beziehungsabbruch, Suizid.

Umgang mit Zurückweisung, Ablehnung und Kritik

Neben der Überwindung der Ersatzgefühle ist die zweite konstruktive Form, mit Kränkungen am Arbeitsplatz umzugehen, die mentale Einstellung auf Situationen, in denen Sie sich zurückgewiesen, verletzt oder kritisiert fühlen. Alles, worauf Sie sich vorbereiten können, nützt Ihnen im aktuellen Konflikt. Das gilt auch und vor allem für Kränkungen, da diese meist eine Schreckreaktion zur Folge haben, in der Sie dazu neigen zu erstarren. Nicht nur der Körper kann sich wie gelähmt anfühlen, auch Ihre Seele kann gefrieren und Ihr Denken aussetzen. In einer solchen geistigen, seelischen und körperlichen Starre können Sie kaum konstruktiv reagieren, um einen aktuellen Konflikt zu lösen.

Daher ist es sinnvoll, wenn Sie aus Ihrer Erfahrung heraus diejenigen Situationen auflisten und beschreiben, auf die Sie im Berufsalltag beleidigt oder verletzt reagieren. Für die einen ist es Kritik schlechthin, für andere ein aggressiver Tonfall, mit dem sie angesprochen werden, für wieder andere das Ausbleiben von Lob oder alles zusammen. Suchen Sie am besten die drei wichtigsten Kränkungserlebnisse Ihrer Berufslaufbahn heraus und vergegenwärtigen Sie sich diese Ereignisse noch einmal.

- Was ist damals geschehen?
- Durch wen fühlten Sie sich abgelehnt?
- Wie haben Sie reagiert?
- Was haben Sie gesagt?
- Wie haben Sie sich gefühlt und verhalten?
- Was tat der andere, was sagte er?
- Wie ging die Situation aus?
- Welche Konsequenzen hatte die Kränkungssituation für Sie und den anderen?
- Waren Sie mit dem Ausgang der Situation zufrieden?
- Konnten Sie Ihre Kränkungsgefühle überwinden und mit sich und dem anderen Frieden schließen?

Wenn nein, dann schreiben Sie ein neues Drehbuch:

- Wie hätten Sie gerne reagiert?
- Welches wäre die beste Lösung für Sie gewesen?
- Welchen Ausgang würden Sie sich wünschen?

Überlegen Sie sich, was Sie selbst anders machen müssten, um einen solchen Kränkungskonflikt zu vermeiden oder anders darauf zu reagieren. Studieren Sie notfalls neue Sätze oder Verhaltensweisen ein, um sie in der aktuellen Situation parat zu haben. Auf diese Weise gewappnet, verliert die nächste Zurückweisung möglicherweise etwas von ihrem Schrecken.

Warum hat mich das so getroffen?

Nicht immer klappt es, auf ein Ereignis, das uns trifft, konstruktiv zu reagieren, auch wenn wir uns mental darauf eingestellt haben. Das hat damit zu tun, dass Kränkungen uns unbewusst an den Punkten treffen, an denen wir verletzlich sind. Das spüren wir dann durch unsere spontanen emotionalen und körperlichen Reaktionen. Unser Magen zieht sich zusammen, wir bekommen einen Kloß im Hals. Und die Kränkungsgefühle wie Wut, Empörung, Trotz und der Wunsch zurückzuschlagen steigen blitzschnell in uns auf. Um diese Emotionen und Impulse zu kontrollieren, müssen wir uns bewusst gegen sie entscheiden und ein alternatives Verhalten wählen, wie ich es im letzten Kapitel erklärte. Gelingt das nicht, sind wir möglicherweise am so genannten wunden Punkt getroffen worden, einer nicht verheilten Stelle, an der wir schon oft verletzt wurden.

Das bedeutet, dass aktuelle Kränkungsreaktionen in den meisten Fällen auf frühere verletzende Erfahrungen zurückgehen, die das Selbstwertgefühl angegriffen haben. Diese bleiben als so genannte »offene Gestalten« (Begriff aus der Gestalttherapie) unabgeschlossen im Unterbewusstsein bestehen. »Offene Gestalt« bedeutet so viel wie: Eine entwertende Erfahrung wurde nicht verarbeitet und kann daher seelisch nicht abgeschlossen werden. Entweder weil sie zu lange zurückliegt, um sie bewusst zu erinnern, oder weil sie uns zu schmerzlich erscheint und wir sie daher lieber verdrängen. Dennoch wirkt diese Wunde weiterhin in uns und macht uns empfänglich für neue Verletzungen. Durch aktuelle Zurückweisungen werden die früheren Wunden aktiviert und wir erleben im gegenwärtigen Schmerz zugleich den alten. Das erklärt auch unsere häufig überstarken Emotionen auf Kränkungserlebnisse. Denn wir reagieren nicht nur auf das aktuelle Ereignis, sondern auf alle alten Verletzungen, die am selben Punkt ansetzten. Und die Person steht stellvertretend für alle anderen, die uns bisher verletzt haben.

Frau Franz hatte einen Kollegen, mit dem sie sich regelmäßig in gegenseitigen Verletzungen verstrickte. Waren sie unterschiedlicher Meinung, konnten sie nicht in Ruhe die Gegenpositionen ausdiskutieren, sondern jeder fühlte sich durch die konträre Meinung des anderen angegriffen und kämpfte für seine Sicht der Dinge. Da der Kollege ihr gegenüber weisungsbefugt war, stand er über ihr, obwohl er diesen hierarchischen Unterschied immer wegredete. Frau Franz jedoch spürte die Differenz und bemühte sich, ihn nicht zu verärgern und stattdessen auf ihn einzugehen, da sie von ihm abhängig war. Sie schonte lieber ihn als sich und deshalb versuchte sie, sich ihm anzupassen. Sie hielt oft mit Kritik hinter dem Berg, ärgerte sich aber heimlich über ihn und wertete ihn ab. Jedes offene Gespräch mit ihm endete zwar in vordergründiger Harmonie, aber »unten drunter« änderte sich nichts. Sie fühlte sich von ihm nicht anerkannt, was sie sehr verunsicherte. Diese Unsicherheit führte dazu, dass sie sich anstrengte, alles richtig zu machen, und trotzdem blieb das erhoffte Lob aus. In einigen Coaching-Sitzungen wurde deutlich, dass ihr Kollege bei ihr einen wunden Punkt traf, nämlich die Erfahrung, als Kind nie gut genug zu sein. Sie konnte noch so viel lernen und gute Noten schreiben, es reichte nie. Wenn sie eine Zwei schrieb, hieß es, warum es keine Eins sei, und wenn es eine Eins war, fragte ihr Vater, warum sie die nicht immer heimbrächte. Je weniger Bestätigung sie bekam, umso stärker war sie verletzt und musste gleichsam um ihre Ehre, um ihr Gesicht, gar um ihre Existenz kämpfen. Es war, als wiederholte sich der Konflikt mit dem Vater nun im Kontakt mit dem Kollegen. Eine emotionsfreie Diskussion vor dem Hintergrund gegenseitiger Wertschätzung war dadurch nicht möglich. Das gelang erst, nachdem sie den Schmerz und die Wut auf ihren Vater ausdrücken konnte und sie den Kampf gegen ihn und damit auch gegen den Kollegen beendete.

Welche wunden Punkte ein Mensch besitzt, hängt von den individuellen Lernerfahrungen ab, die er im Laufe seines Lebens macht. Je früher diese Verletzungen erfolgten und je schmerzvoller sie waren, umso stärker beeinflussen sie die Kränkbarkeit des erwachsenen Menschen. Daher ist es wichtig, dass wir unsere alten Verletzungen aufdecken und abschließen. Je besser uns das gelingt, umso weniger kränkbar werden wir sein.

»Immer wieder in unserem Leben werden uns ... Kränkungen zustoßen, die nicht durch aktives Handeln zu neutralisieren sind. Dann bleibt uns nichts, als das schmerzliche Gefühl zu erleiden. Ebenso wie auch sonst bei voll durchlebter Trauer können wir dadurch ein Stück menschliche Reifung erfahren.«[2]

Kränkungen verstehen

Um Kränkungen zu überwinden, hilft es, sie zu verstehen und die eigenen Anteile an dem Konflikt zu erkennen.

Wenn Sie wissen, was Sie verletzt, können Sie sich besser schützen und müssen das Verhalten des anderen nicht negativ auf sich beziehen:

Nehmen wir Frau Franz, deren Kampf um Anerkennung fast existenziell ist. In ihrem Kollegen findet sie ein Gegenüber, das in ihr dieselbe Angst und dasselbe Bedürfnis auslöst wie ihr Vater: die Angst, nicht gut genug zu sein, und das Bedürfnis nach Anerkennung. Solange ihr dieser Zusammenhang nicht bewusst ist, wird sie den Schuldigen in ihrem Kollegen suchen, der sie so ungerecht behandelt. Sie wird ihn bekämpfen mit der Folge, dass die Zusammenarbeit darunter leidet und sie in ständiger Unsicherheit darüber ist, ob er vielleicht die gemeinsame Arbeit aufkündigt. Bei dem Gedanken an ihren Kollegen wird ihr womöglich die Lust auf den nächsten Arbeitstag vergehen, sie wird eventuell versuchen, ihm aus dem Weg zu gehen, und am Abend froh sein, nicht mit ihm konfrontiert gewesen zu sein. Eine ungute, unbefriedigende Arbeitssituation, die sie selbst womöglich aufkündigen möchte.

Versteht sie jedoch ihren Anteil an diesem Konflikt, kann sie aus der negativen Übertragung zu ihrem Kollegen heraustreten. Das bedeutet, dass sie anfängt, ihn als den zu sehen, der er ist, statt ihn weiterhin durch den Filter ihres Vaterbildes wahrzunehmen. Sie wird dann nicht unbedingt mehr Anerkennung von ihm brauchen, kann aber aufhören, sich übermäßig anzupassen, um ihm zu gefallen. Indem sie selbstbewusster auftritt, stärkt sie ihre Position und sucht andere Quellen der Bestätigung. Damit macht sie sich unabhängiger von seinem Lob und hat weniger »Gründe«, sich zurückgewiesen zu fühlen. Hört sie auf, ihm in jeder Diskussion beweisen zu müssen, dass sie Recht hat, wird sich die Kommunikation zwischen beiden entspannen. Allein das wäre ein großer Gewinn und könnte ein Weg zu mehr gegenseitiger Akzeptanz werden.

In Kränkungssituationen vergessen wir häufig, dass auch wir Signale aussenden, die andere als Ablehnung interpretieren und deren Aggression provozieren kann. Da unsere Signale uns meist unbekannt sind, können und müssen wir aus den Reaktionen der anderen lernen. Wenn Sie spüren, dass Sie regelmäßig in bestimmten Situationen oder von bestimmten Personen Ablehnung oder Entwertungen erfahren, dann sollten Sie das nicht als Zufall oder Schuld der anderen interpretieren. Besser wäre es, mithilfe eines Außenstehenden zu untersuchen, welche Angriffspunkte Sie bieten. Eine genaue Analyse der Kommunikation und Interaktion würde Aufschluss darüber geben, was Sie verändern können, um weniger angreifbar zu werden. Ebenso hilfreich ist die Rückmeldung Ihres Gesprächspartners, der Ihnen sagen kann, was an Ihrem Verhalten, Ihrer Mimik, Ihrer Körperhaltung oder Ihrem Tonfall dem Kränkungskonflikt den Weg bereitet.

Kränkung als Konflikt

Wenn es um Kränkungen geht, spreche ich häufig von Kränkungskonflikten. Schauen wir uns den Begriff Konflikt näher an, dann verstehen Sie, warum ich das tue. Von einem Konflikt sprechen wir, wenn »unterschiedliche Meinungen, Bedürfnisse und Interessen aufeinandertreffen – mal zwischen einzelnen Individuen, mal zwischen kleineren Gruppen, mal auch zwischen großen Organisationen«.[3] Ein Konflikt ist an sich nichts Schlimmes, da er Bestandteil eines jeden sozialen Kontakts ist. Denn Menschen sind per se verschieden und so auch das, was sie wollen, was ihnen gut tut und wonach sie streben. Das Problem ist daher nicht der Konflikt an sich, sondern die Art und Weise, wie Menschen mit ihm umgehen. Im besten Fall suchen sie gemeinsam nach einer Lösung. Diese kann darin bestehen, einen Kompromiss zu schließen, der die Wünsche beider Parteien berücksichtigt und bei dem jeder in seinem Rahmen Verzicht leistet. Bei Meinungsverschiedenheiten könnte ein Kompromiss darin bestehen, die Ansicht des anderen als andersartig zu akzeptieren, ohne Recht bekommen zu müssen. Im Falle unterschiedlicher Wünsche würde ein Kompromiss bedeuten, die eigenen und die fremden Wünsche generell ernst zu nehmen und dann der aktuellen Situation entsprechend zu entscheiden, welche jetzt erfüllbar sind und welche nicht oder erst zu einem späteren Zeitpunkt. Damit ein Kompromiss nicht zu einer »lauwarmen Lösung« verkommt, sondern unabhängig von Einzelinteressen dem gemeinsamen Ziel dient, sind gegenseitige Wertschätzung ebenso Voraussetzung wie Offenheit und Vertrauen.

Wird keine Konfliktlösung gefunden, sind die Folgen mitunter gravierend: »Der Dialog gerät zum Streitgespräch, dieses wiederum zur harten Auseinandersetzung. Emotionen heizen die Szene an: Empörung und Wut, Hass und Verachtung. Die Gegner verkeilen sich in einem Abtausch von Angriff und Gegenangriff ineinander. Es kommt zu Verletzungen – und ehe man es sich versieht, ist ein Krieg im Gange, in dem die Vernichtung des Gegners zum Hauptziel geworden ist. Am Schluss gibt es entweder einen Sieger und einen Besiegten – oder zwei Verlierer. Zurück bleiben immer die Schäden – im günstigsten Falle zerstörte zwischenmenschliche Beziehungen; im ungünstigsten Falle tote, körperlich verletzte und seelisch geschädigte Menschen, ruinierte Siedlungen, verbrannte Erde.

Einen solchen Verlauf zu verhindern – im Zusammenleben der Völker, in der Familie oder im Arbeitsbereich – ist unter Gesichtspunkten sowohl der menschlichen Ethik als auch der Ökonomie ein erstrangiges Ziel. Die Fähigkeit, Konfliktsituationen rechtzeitig zu erkennen und so zu steuern, dass Veränderung möglich und gleichzeitig Schaden begrenzt wird, ist etwas vom Allerwichtigsten, was ein Manager heute für die erfolgreiche Ausübung seines Berufes braucht.«[4]

Die Führung von Organisationen besteht zu einem wesentlichen Teil aus dem geschickten Umgang mit Konflikten, da sowohl die Leistungsfähigkeit als auch die Motivation und das Wohlbefinden der Mitarbeiter sinken, wenn Konflikte die Arbeitssituation beherrschen. Im schlimmsten Fall kann es sogar zur Zerstörung eines Unternehmens kommen.

Dieses destruktive Potenzial, von dem hier gesprochen wird, ist dasselbe, wie ich es bei persönlichen Kränkungskonflikten beschrieben habe. Daher gehe ich davon aus, dass Kränkungen eine häufige Folge von Meinungs- und Interessengegensätzen sind und einen ungelösten zwischenmenschlichen Konflikt darstellen.

Konfliktarten

Es gibt unterschiedliche Konfliktarten und Konfliktkonstellationen am Arbeitsplatz. Sie werden in drei Großgruppen unterteilt: Seelische Konflikte einer Person, zwischenmenschliche Konflikte und organisatorische Konflikte (nach Berkel).

Seelische Konflikte einer Person

Bei einem seelischen Konflikt »treffen zwei gleich starke, entgegengesetzte Einflüsse aufeinander, so dass Spannungen und Blockierungen entstehen«.[5] Der Mensch kommt dadurch in eine Situation, in der er sich für die eine oder andere Alternative entscheiden muss.

Im Fall von Kränkungen haben wir es hauptsächlich mit Annäherungs-Vermeidungs-Konflikten oder Vermeidungs-Vermeidungs-Konflikten zu tun.

Wird jemand mit einer Arbeit betraut, die er »unter seiner Würde« findet, auf der anderen Seite aber seinen Job nicht verlieren will, ist er in einem Annäherungs-Vermeidungs-Konflikt. Er möchte gerne seine Arbeit behalten (Annäherung), aber lehnt die unattraktive Arbeit ab (Vermeidung). Er erlebt es als eine Zumutung, eine solche Arbeit übernehmen zu müssen. Tut er sie aber nicht, kann es sein, dass er noch größere Unannehmlichkeiten bekommt und ihm vielleicht sogar mit Kündigung gedroht wird. Da Kündigung und Arbeitslosigkeit ihrerseits meist kränkend erlebt werden, entsteht auf diese Weise ein Vermeidungs-Vermeidungs-Konflikt, da er sich zwischen zwei Alternativen entscheiden muss, die er beide lieber vermeiden würde. In einem solchen Fall bleibt ihm nur übrig, die für ihn weniger unangenehme Alternative zu wählen. Eine sehr schwierige Wahl allemal. Verschärfend kommt hinzu, dass er es als Affront erleben könnte, überhaupt vor eine solche Wahl gestellt zu werden.

Folgt er bei einer solchen Entscheidung ausschließlich seinen Kränkungsgefühlen, wird er schwerlich eine gute Entscheidung treffen. Denn wofür er sich auch immer entscheidet, er wird sich minderwertig fühlen und sich trotzig oder deprimiert seinem Schicksal ergeben. Die Motivation, später eine bessere Tätigkeit zu bekommen oder nach ihr zu suchen, geht dadurch verloren – und das kann zu einer chronischen Unzufriedenheit führen, unter Umständen sogar zu psychosomatischen Krankheiten. Die andauernde Frustration und Ausweglosigkeit kann in Schlafstörungen, Magenschmerzen, Migräne, Gallenleiden und dergleichen münden. Diese negativen Folgen kann er nur verhindern, wenn es ihm gelingt, die unangenehme Tatsache hinzunehmen, positive Aspekte bei beiden Alternativen zu suchen und sich letztendlich für eine von beiden zu entscheiden.

Ansonsten kann es ihm so ergehen wie dem Esel, der zwischen zwei gleich großen Heuhaufen verhungert, weil er sich nicht entscheiden kann, von welchem er fressen soll.

Im Falle seelischer Konflikte muss nicht immer eine andere Person diejenige sein, die für die Wahl unangenehmer Alternativen sorgt. Oft sind es die Menschen selbst, die sich diese Probleme schaffen. Beispielsweise wenn jemand Zweifel hat, ob er die neue, anspruchsvolle Arbeit übernehmen kann oder sie sich nicht zutraut. Zum Kränkungskonflikt wird diese Situation dann, wenn die betreffende Person sich ungerechtfertigt für dümmer hält, als sie ist, und ihre Stärken nicht berücksichtigt. In diesem Fall entwertet sie sich selbst, mit der möglichen Folge, dass ein anderer diesen Job bekommt, weil er nicht so lange zögert und beherzt zugreift. Dann kommt zur Selbstabwertung noch die Enttäuschung hinzu.

Zwischenmenschliche Konflikte

Viele Ablehnungen und Zurückweisungen entstehen durch zwischenmenschliche Konflikte mit Kollegen, Vorgesetzten, Untergebenen oder Kunden. Unterschieden werden Zweier-, Dreiecks- und Gruppenkonflikte.

Zweierkonflikte
Zweierkonflikte treten im Berufsleben auf, wenn sich die Beziehungsstruktur verändert oder Störungen in der Kommunikation zwischen zwei Personen auftreten.

Die bisherige einträchtige Zusammenarbeit wird beispielsweise dadurch gestört, dass einer von beiden durch eine Fortbildung einen Wissensvorsprung erwirbt und sich danach sein Aufgabenbereich erweitert. Ein Kränkungskonflikt schließt sich an, wenn der Kollege dem anderen sein Wissen neidet, sich durch dessen Wissensvorsprung weniger wert fühlt und ihn deshalb nicht bei den neuen Anforderungen unterstützt. Das wiederum kann für den anderen eine Zurückweisung bedeuten, besonders dann, wenn er eigentlich Anerkennung und Bewunderung erwartet hätte und auf die Kooperation des Kollegen angewiesen ist.

Ein Zweierkonflikt kann auch entstehen, wenn ein Kollege mehr Nähe und private Kontakte will als der andere. Fühlt er sich durch die Ablehnung seines Freundschaftsangebots zurückgewiesen, zieht er sich womöglich verletzt zurück und distanziert sich von seinem Kollegen. Die vormals gute Zusammenarbeit wird dadurch beeinträchtigt.

Kommunikationsprobleme entstehen häufig dadurch, dass Anweisungen unklar geäußert werden, der Ausführende aber kritisiert wird, wenn er es nicht richtig macht. Oder wenn ein zu harscher Ton jemanden verletzt. In beiden Fällen wird sich der Betroffene persönlich angegriffen fühlen, auch wenn das Problem bei dem anderen liegt. Eine gestörte Kommunikation liegt auch dann vor, wenn die Sach- und Beziehungsebene vermischt werden und ein persönliches Problem über eine Sachdiskussion ausgedrückt wird. Ein Kollege ist auf einen anderen ärgerlich, aber anstatt zu sagen, was ihn stört, kritisiert er dessen Arbeitsleistung. Die Kritik wird in diesem Fall mit großer Wahrscheinlichkeit aggressiv ausfallen und entwertend wirken.

Dreieckskonflikte

Dreieckskonflikte entstehen in drei Zusammenhängen: bei Koalitionsbildungen, bei Rivalität und bei dem Vorrang der Beziehung vor der Person.

- Bei Koalitionen verbünden sich zwei gegen einen Dritten, der damit ausgeschlossen ist. Ausschluss ist eine Situation mit hohem Kränkungspotenzial, das heißt, die meisten Menschen erleben den Ausschluss als persönlich entwertend. Wenn er andauert oder sogar systematisch betrieben wird und die betroffene Person sich nicht wehrt, kann daraus eine Mobbing-Situation entstehen.
- Neid, Eifersucht und Rivalität um die Gunst des Chefs oder die gebührende Anerkennung von Kollegen ist ein häufiger Anlass für Enttäuschungen, ebenso die unterschiedliche Art der Beziehung, die beispielsweise der Chef zu verschiedenen Untergebenen hat.
- Ablehnung bei den Kollegen kann auch entstehen, wenn der Abteilungsleiter vom Chef generell zuvorkommender behandelt wird, nicht weil er eine gute Beziehung zu ihm hat, sondern aufgrund seiner Position.

Gruppenkonflikte

Gruppenkonflikte betreffen das Miteinander in der Gemeinschaft. Hier geht es um das Revier und den eigenen Bereich, zum Beispiel um Zuständigkeiten und Kompetenzen. Entwertend erleben viele Mitarbeiter den Entzug von Zuständigkeiten und die Eingrenzung ihres Kompetenzbereichs. Ebenso gekränkt kann sich ein Mitarbeiter fühlen, wenn er seinen Platz räumen, sein Büro zukünftig mit einem neuen Kollegen teilen muss oder in ein kleineres Büro versetzt wird.

Weitere Gruppenkonflikte können entstehen, wenn Fragen der Rangordnung und der Führung ungeklärt sind und dadurch ein Konfliktpotenzial entsteht. Wird beispielsweise ein neuer Chef eingesetzt, der in wichtigen Bereichen weniger kompetent ist als der langjährige Mitarbeiter, ist das eine brisante Konstellation. Der Untergebene wird ihn möglicherweise nicht ernst nehmen, ärgert sich, »so einen vor die Nase gesetzt zu bekommen«, und könnte ihm die Arbeit schwer machen. Statt ihn zu unterstützen und das entsprechende Know-how zur Verfügung zu stellen, lässt er ihn auflaufen und boykottiert auf diese Weise die Zusammenarbeit. Spürt das »der Neue« und reagiert daraufhin beleidigt und ablehnend, hat er es als Vorgesetzter vermutlich sehr schwer, denn statt Vertrauen werden zukünftig Kampf und Entwertungen herrschen.

Problematisch kann es auch werden, wenn eine neue Führungsposition mit einem ehemaligen Kollegen besetzt wird. Entweder traut er sich nicht, eine klare Führungsrolle zu übernehmen, oder er hält aus Unsicherheit zu stark an seinem Führungsanspruch fest, so dass bisher freundschaftlich verbundene Kollegen und Kolleginnen zurückschrecken und die neue Führungskraft ablehnen.

Organisatorische Konflikte

In jeder Organisation gibt es Konflikte, wobei nur ein Teil davon für persönliche Kränkungserlebnisse von Bedeutung ist. Hier seien drei genannt: Beziehungskonflikte, Verteilungskonflikte und Wertkonflikte.

Im Vordergrund stehen dabei die Beziehungskonflikte unter den Mitarbeitern innerhalb der Organisation. Sie entstehen, wenn sich eine Partei durch die andere verletzt, gedemütigt oder missachtet fühlt und sie dieses Verhalten persönlich nimmt.[6] Diese Beschreibung trifft ebenso für einen Kränkungskonflikt zu.

Eine ungerechtfertigte Kritik kann beispielsweise als Ablehnung erlebt und ein harscher Ton als Zurückweisung empfunden werden. Die betroffene Person bezieht die Handlung auf sich und ist verletzt. Im Gegensatz zu Sachkonflikten können Beziehungskonflikte nicht mithilfe einer sachlichen Analyse und von Problemlösungsstrategien behoben werden, sondern sie können nur auf der persönlichen Ebene gelöst werden, indem beide Seiten bereit sind, sich anzuhören, Verständnis füreinander zu entwickeln oder sich zu entschuldigen.[7]

Verteilungskonflikte können ebenfalls zu Kränkungen führen, wenn eine Partei das Gefühl hat, benachteiligt zu werden. Bekommt Abteilung A beispielsweise neue Büromöbel, Abteilung B aber nicht, so kann das zu Rivalität und Eifersucht unter den Mitarbeitern führen, besonders dann, wenn bisher schon Spannungen unter ihnen herrschten.

Wertkonflikte betreffen Entscheidungen, welche die Prinzipien, Grundsätze und Ethik der Person betreffen. Da Kränkungen immer auch etwas mit der Verletzung oder Missachtung eigener Werte zu tun haben, können Wertkonflikte kränkend wirken. Das ist dann der Fall, wenn Untergebene »auf Geheiß von oben« entgegen ihrer ethischen Einstellung handeln müssen. Wenn beispielsweise ein Verwaltungsleiter im Namen der Geschäftsführung den Mitarbeitern die Bezüge kürzen muss. Oder wenn ein Mitarbeiter im Laufe der Zeit feststellt, dass der Umgangsstil in der Firma Werte verletzt, die für ihn wesentlich sind, wie etwa die gegenseitige Achtung.

Zu Wertkonflikten kommt es aber auch im Zusammenhang mit Umstrukturierungen, Umorganisationen oder beim Verkauf der Firma. Das Neue wird feindlich betrachtet, wie es zum Beispiel bei Übernahmen in Ostdeutschland der Fall war. Oder eine bisherige Identität und eine

Zugehörigkeit gehen verloren. Eine ehemalige leitende Mitarbeiterin eines großen Konzerns verlor nach dessen Verkauf sowohl ihr Büro als auch ihre Arbeit, war monatelang zwangsweise ohne Tätigkeit und wurde von der Innenstadt in einen Außenbezirk versetzt. Sie fühlte sich nun auf »verlorenem Posten«. Ihr blieb nur das Ausscheiden, nachdem sie eine Abfindung ausgehandelt hatte, und nun ist sie mit 49 Jahren seit drei Jahren arbeitslos.

Was macht einen Konflikt zu einem Kränkungskonflikt?

Das Wesentliche am Kränkungskonflikt sind der Angriff und die Schwächung des Selbstwertgefühls. Unterschiedliche Meinungen, Interessen, Bedürfnisse und Werte müssen nicht zwangsläufig zur gegenseitigen Selbstwertschwächung führen. Sie tun es aber dann, wenn zum Beispiel eine Partei sich benachteiligt fühlt und Bedürfnisse nicht erfüllt bekommt, während die Gegenseite ihre Ansprüche geltend machen kann. Wird ein solcher Interessengegensatz nicht für beide Teile befriedigend gelöst, kommt es zu einem Kränkungskonflikt. Entwertend ist dabei nicht die Unterschiedlichkeit an sich, sondern das Gefühl, zu kurz zu kommen, weniger wert zu sein, benachteiligt und damit weniger geliebt zu werden. Der Hass, der Neid, die Empörung und der Schmerz haben als Hintergrund immer die Befürchtung, schlechter, minderwertiger, unbedeutender zu sein als andere. Stehen wir nicht in der ersten Reihe, womit ja sogar ein Fernsehsender wirbt, werden wir nicht berücksichtigt, gesehen oder gehört, werden also unsere narzisstischen Bedürfnisse nicht ausreichend erfüllt, dann reagieren wir gekränkt.

Meine These ist, dass Kränkungen dort entstehen, wo Mitarbeiter alle Arten von Konflikten zu Beziehungskonflikten machen, indem sie sie persönlich nehmen, gegen sich gerichtet erleben und sich entwertet fühlen.

Ein weiteres wesentliches Merkmal von Kränkungskonflikten ist das Unbewusste, das zum Konflikt führt. Menschen wissen oft gar nicht, dass sie mit ihrem Verhalten eine andere Person verletzen, weil sie nicht wissen, was von ihnen erwartet wird. Auf diese Weise kann das Ausbleiben eines Lobes sie traurig machen, weil sie ihre Leistung nicht wertgeschätzt fühlen; das Fehlen eines Dankes kann sie ärgerlich machen, weil sie ihre Gabe nicht ausreichend gewürdigt erleben; und ein kritischer Blick kann sie verunsichern, weil sie sich als Person abgelehnt fühlen. Doch statt einer vermuteten Ablehnung können diesen Konflikten unterschiedliche Bedürfnislagen zugrunde liegen. Der eine möchte gelobt werden, der andere möchte nicht loben oder versäumt es aus reiner Unachtsamkeit. Der eine möchte einen anerkennenden Blick, wonach dem anderen im Moment nicht zumute ist. Zur Kränkung wird der Konflikt dann, wenn die nicht gelobte Person es als Abwertung oder Missachtung erlebt und sich dadurch entwertet fühlt. Würde sie das nicht tun, wäre sie nicht gekränkt. Die Gegenseite ahnt möglicherweise gar nicht, welche Bedürfnisse sie unerfüllt ließ. Auf diese Weise kann keine Lösung gefunden werden, es sei denn, beide verständigen sich offen über ihre jeweiligen Wünsche und Vorstellungen. Eine Verschärfung des Konflikts setzt nämlich dann ein, wenn der Dialog nicht stattfindet und derjenige, der sich zurückgesetzt, benachteiligt oder angegriffen fühlt, nicht zu Wort kommt.

Auf der anderen Seite entstehen Konflikte häufig erst aufgrund von Kränkungen. Fühlt sich ein Mitarbeiter von Ihnen ignoriert und unfreundlich behandelt, müsste kein

Konflikt entstehen, wenn er seine Vermutung mit Ihnen klären könnte oder durch einen persönlichen Kontakt erfahren würde, ob Sie ihn wirklich ablehnen oder ob er es sich nur einbildet. Der Konflikt entsteht in dem Moment, wenn der Kollege seine Vermutung als Realität definiert und so reagiert, als würden Sie ihn wirklich ablehnen.

Einen solchen Konflikt hat Watzlawick in seiner Geschichte mit dem Hammer beschrieben:[8]

Ein Mann will ein Bild aufhängen. Den Nagel hat er, nicht aber den Hammer. Der Nachbar hat einen. Also beschließt unser Mann, hinüberzugehen und ihn auszuborgen. Doch da kommt ihm ein Zweifel: Was, wenn der Nachbar mir den Hammer nicht leihen will? Gestern schon grüßte er mich nur so flüchtig. Vielleicht war er in Eile. Aber vielleicht war die Eile nur vorgeschützt und er hat etwas gegen mich. Und was? Ich habe ihm nichts angetan; der bildet sich da etwas ein. Wenn jemand von mir ein Werkzeug borgen wollte, ich gäbe es ihm sofort. Und warum er nicht? Wie kann man einem Mitmenschen einen so einfachen Gefallen abschlagen? Leute wie dieser Kerl vergiften einem das Leben. Und dann bildet er sich noch ein, ich sei auf ihn angewiesen. Bloß weil er einen Hammer hat. Jetzt reicht's mir wirklich. – Und so stürmt er hinüber, läutet, der Nachbar öffnet, doch noch bevor er »Guten Tag« sagen kann, schreit ihn unser Mann an: »Behalten Sie Ihren Hammer, Sie Rüpel!«

Das Problem beginnt beim Zweifel: Hat der andere etwas gegen mich? Dieser Zweifel berührt das Selbstwertgefühl, weil der Mann sich unsicher ist, ob er in Ordnung ist oder etwas an ihm nicht stimmt. Indem er den Zweifel zur Realität erhebt – der andere hat wirklich etwas gegen mich –, muss er sich wehren und wird aggressiv. Solange der Nachbar keine Chance hat, seine Sicht darzustellen, eskaliert der Konflikt in der oben beschriebenen Weise.

Verlauf und Eskalation von Konflikten

Konflikte sind nicht etwas Statisches, sondern sie können sich verstärken oder abschwächen. Sowohl die emotionale Intensität als auch die Gewaltbereitschaft im Handeln können steigen oder sinken. Konflikte besitzen eine Eigendynamik, die darauf drängt, den aktuellen Konflikt zu lösen oder ihn destruktiv leer laufen zu lassen.[9] »Ein sozialer Konflik entwickelt (»steigert«) sich, wenn unbehandelt, grundsätzlich in drei Phasen«:[10]

- Debatte (Kontroverse) (Eskalationsebenen 1 bis 3) Win-Win-Konstellation
- Spiel (Aktionen) (Eskalationsebenen 4 bis 6) Win-Lose-Konstellation
- Kampf (Schläge) (Eskalationsebenen 7 bis 9) Lose-Lose-Konstellation

Erste Eskalationsstufe

Die Rubrik Debatte ist die erste Eskalationsstufe des Konflikts. Durch die Kränkung entsteht eine Spannung zwischen den Personen oder Gruppen, welche die unterschiedlichen Standpunkte, Meinungen, Erwartungen und Ideen widerspiegelt. Die Konfliktparteien begegnen sich mit Befangenheit und Unbehagen, wobei sie davon ausgehen, dass der Konflikt durch Argumentieren und Abwägen bewältigt werden kann. Das setzt jedoch voraus, dass die zurückgewiesene Person nicht zu sehr getroffen und noch imstande ist, mit dem Gegenüber partnerschaftlich zu sprechen. Da es sich im Kränkungserleben nicht um klare Fakten handelt, die diskutiert werden können, sondern um Gefühle, ist es oft schwer, die Gegenseite vom eigenen Standpunkt zu überzeugen. Wie soll ein Kollege dem an-

Konflikt als		
Debatte Kontroverse	*Spiel* Aktionen	*Kampf* Schläge
• Die andere Partei gilt als *Partner*, der *überzeugt* werden soll • Die Debatte wird mit *Worten* geführt • Die Parteien benutzen dazu rhetorische *Argumentationsfiguren* und psychologische *Einflusstaktiken*	• Die andere Partei gilt als *Gegner*, der besiegt *werden* soll • Das Spiel lebt von geschickten *Spielzügen*, d. h. Aktionen, die den Gegner in die Enge treiben und zum Aufgeben nötigen sollen • Nicht alle Mittel sind erlaubt, die Akteure respektieren gewisse *Spielregeln*	• Die andere Partei gilt als *Feind*, der persönlich getroffen, unterdrückt, geschädigt, ja schließlich *vernichtet* werden soll • Im Kampf ist *jedes Mittel recht*, auch Gewalt
• Die Debatte ist nur sinnvoll, wenn es eine richtige (oder wahre) Meinung gibt, die andere Seite aber entweder *nicht hinreichend informiert* ist oder *nicht logisch zu denken* vermag	• Ein Spiel setzt voraus, dass die Parteien möglichst gleich stark sind • Zwischen ungleichen Parteien kommt es entweder zu verdeckten Aktionen oder gleich zum Kampf	• Ein Konflikt nimmt dann die Form eines Kampfes an, wenn die andere Partei als alleinige Ursache des Übels angesehen wird
• Konflikt als Debatte ist beendet, wenn eine Seite die Argumente der anderen übernommen hat, d. h. sich hat *überzeugen* lassen	• Konflikt als Spiel ist beendet, wenn (auch durch Dritte) feststeht, dass eine Seite *gewonnen* und die andere *verloren* hat	• Konflikt als Kampf ist beendet, wenn eine Seite die andere *ausgeschaltet* hat

1. *Diskussionen* Differenzen werden bewusst
2. *Zusammenstöße* Polarisierung beginnt
3. *Verhärtung* Standpunkte lassen sich nicht versöhnen
4. *Koalitionsbildung* Verbündete werden geworben
5. *Gesichtsverlust* Die Gegenpartei wird öffentlich demontiert
6. *Drohungen* Sanktionen werden angedroht
7. *Ausgrenzung* Die Gegenpartei wird als „Unmensch" ausgesondert
8. *Zerstörungsschläge* Die andere Seite soll am Lebensnerv getroffen werden
9. *Totale Konfrontation* Vernichtung um jeden Preis, auch den der Selbstzerstörung

(Zit. nach Berkel S. 57)

deren deutlich machen, dass sein Ton ihn verletzt? Er kann nur auf das offene Ohr des anderen hoffen.

Im Bestfall ist die Debatte beendet, wenn beide Seiten ihren Standpunkt darlegen können und sich mit Verständnis begegnen. Das bedeutet einerseits, dass die Person, die gewollt oder ungewollt ihr Gegenüber verletzt hat, ihr Bedauern ausdrückt und ihr Handeln erklärt. Andererseits bedeutet gegenseitiges Verständnis, dass die verletzte Person Vorwürfe, Anklagen und Schuldzuweisungen zurücknimmt und sich dem Dialog öffnet. Reagiert aber die eine Seite mit Schuldgefühlen und Ausreden oder fühlt sich selbst angegriffen, dann verschärft sich der Konflikt ebenso, wie wenn die gekränkte Person auf ihrer Opferposition beharrt und immer mehr Schuldzuweisungen an die Gegenseite richtet. Gelingt es beiden Seiten nicht, sich gegenseitig zu überzeugen, verschärft sich die Konfrontation bis zur Polemik, wobei die Parteien zur Polarisierung neigen und beginnen, Taktiken einzusetzen, um die eigene Position zu stärken, beispielsweise die Gegenseite durch Argumente in die Enge treiben, indirekt manipulieren oder den anderen abwerten. Dennoch hofft man noch, den Konflikt lösen zu können, was aber kaum mehr möglich ist, wenn sich beide gekränkt und missverstanden fühlen. Dann hilft auch kein Reden mehr, weil die Standpunkte zu unterschiedlich sind und man sich vielleicht auch nicht mehr zuhören möchte. In der weiteren Eskalation nimmt die gegenseitige Empathie ab und die nonverbale Interaktion zu. Die Kränkungsparteien wenden sich beleidigt voneinander ab, zeigen sich die »kalte Schulter«, tun so, als interessiere sie der andere gar nicht und als sei keiner auf den anderen angewiesen. Innerlich kochen sie jedoch, sind verzweifelt oder könnten gleich losheulen. Jede Annäherung ist unmöglich, da beide körperlich signalisieren: Lass mich in Ruhe! Auch wenn einer oder beide das Bedürfnis hätten, aufeinander zuzugehen, würde es keiner von ihnen erkennen. Dennoch besteht in der Win-Win-Konstellation die Option, den Konflikt doch noch zu beenden.

Zweite Eskalationsstufe

Auf der zweiten Eskalationsstufe geht es nun darum, den Gegner zu besiegen und Recht zu bekommen. Die Stimmung wird feindlicher, die Haltung starrer und aggressiver.

Das Bild vom anderen ist nur noch negativ, das eigene nur positiv. »Selbstbild und Fremdbild werden auf moralische Dimensionen ausgedehnt und totalisiert; die gegenseitigen Wahrnehmungen werden vom Engel- und Teufelbild bestimmt.«[11] Typisch für Kränkungsreaktionen sind die Verteufelungen des anderen, gepaart mit dem Vorwurf des unmoralischen Handelns. Erinnern Sie sich noch an Watzlawicks Geschichte mit dem Hammer? Die Moral der eigenen Person und die Unmoral der Gegenseite klingen eindeutig heraus: »Wenn jemand von mir ein Werkzeug borgen wollte, ich gäbe es ihm sofort. Und warum er nicht? Wie kann man einem Mitmenschen einen so einfachen Gefallen abschlagen?« Wer sich so verhält wie dieser Nachbar, ist ein schlechter Mensch, man selbst ein Engel. Die Win-Lose-Konstellation zieht nur einen Sieger in Betracht, nämlich sich selbst.

Beide Seiten suchen zu ihrer Unterstützung Koalitionspartner, welche die eigene Wahrnehmung bestätigen und bereit sind, den anderen ebenso feindlich zu betrachten wie man selbst.

Auf der jetzigen Eskalationsstufe haben aggressive Ausbrüche die Funktion, dem Gefühl der Ohmacht zu entkommen und die Handlungsfähigkeit wiederzugewinnen. Sie sind aber auch ein offener Angriff gegen den Konfliktpartner mit dem Ziel, ihn »fertigzumachen« und ihn unter Druck zu setzen in der Hoffnung, dass er dann klein beigibt. Durch immer wiederkehrende Enttäuschungen wird die Atmosphäre zwischen den Streitparteien so vergiftet, dass sie jeden Kompromiss und jede Annäherung verhindern.

In dieser Phase geht es darum, den anderen zu schädigen und zu denunzieren, damit er sein Gesicht verliert. Das ist eine der schlimmsten Strafen, die man jemandem antun kann, denn Gesichtsverlust bedeutet zugleich Identitätsverlust. Erreicht wird das beispielsweise dadurch, dass die Unmoral des Gegners öffentlich angeprangert wird, indem man ihn vor anderen denunziert. Dass beide ihren Anteil an dem Kränkungskonflikt haben, wird schon lange nicht mehr wahrgenommen. Jeder fühlt sich berechtigt, dem anderen Schaden zuzufügen und ihm mit Gewalt zu drohen, falls er sein Verhalten nicht ändert und einlenkt. Man selbst erlebt sich nicht beteiligt an der Eskalation des Konflikts, sondern begründet sein aggressives Verhalten als notwendige Reaktion auf den anderen. Auf diese Weise verschärft sich der Konflikt und die Parteien werden immer unnachgiebiger.

Dritte Eskalationsstufe

Die dritte und letzte Eskalationsstufe ist die des Kampfes, in welcher der andere offen bekämpft wird bis zu seiner Vernichtung. Auf dieser Stufe setzen dann reale Gewalthandlungen ein: der Mann tötet seine Frau, weil sie ihn verlassen will; der in Ungnade entlassene Angestellte läuft in seiner alten Firma Amok und rächt sich auf diese Weise für die erlittene Schmach.

Die blinde Wut kennt keine Moral mehr, jeder fühlt sich berechtigt, den Gegner zu vernichten, auch wenn es ihn selbst vernichten könnte. So denken auch Amokläufer, die häufig Selbstmord begehen, nachdem sie blutige Rache genommen haben und nun keinen Ausweg mehr aus ihrem Dilemma sehen.

Auch die Tötung im Affekt aus Rache ist mit hoher Strafe belegt, die der Rächende scheinbar billigend in Kauf nimmt. Auf dieser Stufe ist keine Versöhnung mehr möglich, nur der Versuch, durch die Eliminierung des anderen die eigene Existenz vor Zerstörung zu schützen oder selbst zugrunde zu gehen.

»Der bei einem Racheakt in Frankfurt verletzte Jurist schwebte am Montag noch in Lebensgefahr. Er war am Freitag vor seinem Haus von einem Ex-Mitarbeiter niedergestochen, mit Benzin übergossen und angezündet worden. Der 36-jährige Täter hatte sich nach dem Angriff auf seinen früheren Chef das Leben genommen, er warf sich vor einen Zug. Seit einem Auflösungsvertrag 2000 sei der Mann arbeitslos gewesen und habe an Depressionen gelitten.«[12]

Die in diesem emotionalen Zustand in der Mehrzahl von Männern begangenen Gewalttaten sind meist Affekthandlungen, die durch den Umstand der Eskalation strafmildernd eingestuft werden. Frauen wird beispielsweise bei Gattenmord gezielte Absicht unterstellt und sie erhalten wesentlich höhere Haftstrafen.

Diese Stufe wird im Alltag relativ selten erreicht, obwohl die Gewaltbereitschaft auch unter Kindern bereits zunimmt. Das Mittel der Gewalt als Konfliktlösungsstrategie steigt in dem Moment, wenn die Werkzeuge, die auf den vorhergehenden Eskalationsstufen zur Konfliktlösung eingesetzt werden können, nicht gelernt oder nicht angewendet wurden oder zu keinem Erfolg führten. Daher ist die Auseinandersetzung mit individuellen Kränkungsreaktionen und den Möglichkeiten, ihnen konstruktiv zu begegnen, auch im Sinne der Gewaltprävention so wichtig.

Zur Eskalation von Kränkungskonflikten trägt auch deren Häufigkeit bei nach dem Motto: Steter Tropfen höhlt den Stein.[13] Denn jedes Erlebnis, das als Kränkung interpretiert wird, hinterlässt Spuren in der Seele, die zur Verfestigung des wunden Punktes beitragen. Je häufiger ein Mensch sich verletzt und in seinem Selbstwert erniedrigt fühlt, umso heftiger wird er reagieren und der Kränkungskonflikt umso schneller eskalieren, möglicherweise bis hin zu Gewalttaten. Ein Mittel zur Deeskalation von Kränkungskonflikten ist daher die Arbeit am wunden Punkt, um künftige Selbstwerteinbrüche schneller auszugleichen und nicht alles persönlich auf sich zu beziehen.

»Ich fühle mich nicht angesprochen«

Ist es möglich, sich von Zurückweisungen, Beleidigungen oder Ablehnungen nicht persönlich angesprochen zu fühlen, sie nicht persönlich zu nehmen? Und wenn ja, wie geht das? Das möchte ich Ihnen an einem Beispiel zeigen. Vor einigen Jahren fand ich in der Zeitung[14] ein Interview mit Morgan Freeman, einem amerikanischen Schauspieler schwarzer Hautfarbe, zum Thema Diskriminierung. Hier ein kleiner Auszug daraus:

Interviewerin (I): Was passiert, wenn ich »Nigger« zu Ihnen sage?
Freeman (F): Nichts.
I: Warum nicht?
F: Was passiert, wenn ich »deutsche Dummkuh« zu Ihnen sage?
I: Nichts.
F: Warum nicht?
I: Ich fühle mich nicht angesprochen.

F: Sehen Sie, ich auch nicht.
I: Ist das der Trick, sich nicht angesprochen zu fühlen?
F: Wenn Sie mich »Nigger« nennen, haben Sie ein Problem, nicht ich, weil Sie das falsche Wort benutzen. Indem ich mich nicht angesprochen fühle, lasse ich Sie mit Ihrem Problem allein. Selbstverständlich gilt diese Taktik nicht, wenn Sie mich tätlich angreifen. Dann wehre ich mich, das verspreche ich Ihnen.

Mit diesem Text möchte ich Ihnen deutlich machen, dass wir Wahlmöglichkeiten haben, mit Entwertungen umzugehen. Mir geht es an dieser Stelle nicht um einen politischen Inhalt, nicht um die Problematik von Schwarzen oder von Ausländern, auch nicht um Ausländerfeindlichkeit. Mit diesem Text möchte ich Ihnen lediglich die Möglichkeit aufzeigen, wie wir Ablehnungen entkräften können. Das geschieht dadurch, dass die Person nicht mit Entwertung reagiert, sondern den erlebten Angriff abwehrt und als Problem des Gegenübers definiert. Denn häufig sagen Angriffe mehr über den Angreifer aus als über die angegriffene Person. Haben wir jedoch unseren wunden Punkt genau an der Stelle, an der wir angegriffen werden, können wir die Verletzung nicht abwehren, sondern reagieren gekränkt. Dann sehen wir nicht mehr den Anteil des anderen, sondern beziehen alles sofort auf uns und fühlen uns verletzt.

Je besser wir daher unsere wunden Punkte kennen, umso effektiver können wir uns in Zukunft gegen Angriffe wappnen.

Verantwortung für den Konflikt

Nach Eidenschink werden Konflikte dadurch geschaffen, dass der Betreffende eine Verbindung herstellt zwischen dem Verhalten des anderen und seinem eigenen Wohlbefinden. Er reagiert dann nach dem Muster:
- Weil du mich nicht lobst, fühle ich mich minderwertig.
- Weil du meine Leistung nicht genug anerkennst, bin ich nicht mehr motiviert.
- Weil du mich kritisierst, traue ich mir gar nichts mehr zu.
- Ich fühle mich nur gut, wenn du mich wertschätzt.

Wenn Sie eine Verbindung zwischen dem eigenen Befinden und dem Verhalten des anderen herstellen, dann übertragen Sie diesem automatisch die Verantwortung für Ihr Wohlergehen oder Ihr Leid. Sie machen sich dadurch abhängig sowohl in Ihrer Stimmung als auch in der Art, Entscheidungen zu treffen. Ihre Selbstständigkeit und Selbstsicherheit nehmen umso mehr ab, je mehr Sie sich an der Reaktion des anderen orientieren. Sie sind dann nicht mehr frei, das zu tun, was Sie für richtig halten, sondern brauchen die Bestätigung des anderen, ob Ihre Meinung, Ihr Verhalten oder Ihre Entscheidung auch wirklich richtig sind. Bleibt diese Bestätigung aus, weil beispielsweise Ihr Chef kein Mensch von vielen Worten ist, haben Sie es schwer. Denn der, an dem Sie sich orientieren wollen, gibt Ihnen keinen Anhaltspunkt. Durch Ihre Selbstunsicherheit haben Sie Ihr eigenes inneres Maß verloren und damit die Richtung Ihres Handelns. Sie reagieren gekränkt, weil Sie sich »fallen gelassen« fühlen. Sie unterstellen Ihrem Chef Desinteresse an Ihnen oder fühlen sich sogar abgelehnt. Je nachdem werden Sie sich eher depressiv zurückziehen oder trotzig-aggressiv die Zusammenarbeit untergraben.

Indem Sie Ihrem Chef die Schuld an Ihrem Leid geben, verweigern Sie, die Verantwortung für sich zu übernehmen, und befinden sich im Täter-Opfer-Muster. Werden Sie zu wenig gelobt und zu viel kritisiert, zu wenig wertgeschätzt und motiviert, hat das womöglich etwas mit dem Führungsstil des Vorgesetzten zu tun. Ihn können Sie jedoch nicht ändern, auch wenn Sie das gerne tun würden. Daher wäre eine konstruktivere Lösung, die auch Ihr Selbstwertgefühl steigert, die Verantwortung für Ihre Unzufriedenheit und Ihre Erwartungen an Ihren Chef zu übernehmen und Wege zu suchen, auf denen Sie die Wertschätzung und Anerkennung finden, die Sie brauchen.

Sie könnten sich beispielsweise unter Kollegen gegenseitig loben und Verständnis entgegenbringen. Sie könnten Ihren Chef um positive Rückmeldungen bitten und ihm erklären, dass diese wichtig für Sie sind. Vielleicht weiß er gar nicht, wie wertvoll Lob für die Arbeitsmotivation ist. Sie könnten sich aber auch überlegen, ob Ihre Erwartungen an Ihren Chef zu hoch sind. Schlimmstenfalls müssten Sie sich einen anderen Chef suchen, doch bei diesem wären Sie erneut in Versuchung, die Verantwortung abzugeben. Ob Ihnen also eine Kündigung wirklich helfen würde, müsste in einem Gespräch mit einem Coach und durch die Analyse Ihrer individuellen Situation ergründet werden. Manchmal kann ein konflikthaftes Arbeitsklima krank machen und dann ist es angeraten, diesen Arbeitsplatz zu verlassen. Manchmal kann die Kündigung jedoch auch eine Flucht vor eigenen Problemen sein, die sich dann an der nächsten Arbeitsstelle wiederholen.

Enttäuschte Hoffnungen, Wünsche und Erwartungen

Kränkungsreaktionen hängen damit zusammen, dass unsere Erwartungen, Wünsche oder Hoffnungen enttäuscht werden und wir nicht das bekommen, was wir möchten oder angestrebt haben. Eine ausbleibende Beförderung, eine Kürzung des Werbebudgets, eine Einschränkung unserer Entscheidungsbefugnisse, eine Zurückstufung, Abmahnung oder gar Entlassung sind alltägliche Beispiele dafür. Wir stellen es uns anders vor und vor allem erwarten wir, dass wir die von uns gesetzten Ziele auch erreichen. Enttäuschte Erwartungen oder Wünsche an uns selbst, unsere Arbeitssituation, Mitarbeiter oder Vorgesetzte führen nicht selten zu Gefühlen von Wertlosigkeit, Unwichtigkeit, Versagensängsten oder auch Hass auf uns und die anderen.

Das kann so weit gehen, dass wir uns in unserer beruflichen Ehre verletzt fühlen. Wie soll beispielsweise eine aufwändige und kostspielige Werbekampagne erstellt werden, wenn zu wenig Geld zur Verfügung gestellt wird? Wie kann ein Lehrer seinen Lehr- und Bildungsauftrag erfüllen, wenn ihm aufgrund der Lehrpläne keine Zeit mehr bleibt, sich um die Schüler zu kümmern? Wo sollen Mitarbeiter in sozialen Einrichtungen ihre psychische Stabilität wiederherstellen, wenn ihnen Supervision gestrichen oder erst gar nicht bewilligt wird? Wie kann ein Hochschullehrer kreativ arbeiten, wenn ihm die Freiheit in Forschung und Lehre durch normative Vorgaben rigoros gestrichen wird?

In all diesen Fällen ist die Wahrscheinlichkeit groß, dass sich die Betroffenen in ihrer beruflichen Identität und Ehre entwertet fühlen – und das umso mehr, je größer ihr Engagement in ihrem Beruf ist. Es gelingt vielen nur schwer oder gar nicht, Einschränkungen, Kürzungen oder Streichungen in ihrem Arbeitsbereich hinzunehmen, ohne sich persönlich gekränkt zu fühlen. Der Grund dafür liegt sicherlich unter anderem in der Identifikation mit dem Beruf, der oft ja nicht nur ein Job ist, um Geld zu verdienen. Für viele Menschen stellt er sogar eine Berufung dar oder ist zumindest eine Form, in der sie sich verwirklichen und ausdrücken können und ihr Selbstwertgefühl steigern. Je stärker sie das erleben, umso größer ist die Gefahr, enttäuscht zu werden.

Der Film »Schau mich an« von Agnes Jaoui ist ein Lehrstück in Sachen Kränkungen. »Schau mich an« ist die Bitte, nicht nur von außen betrachtet, sondern als ganze Person wahrgenommen zu werden, so wie man ist. Es ist der Wunsch nach Beachtung, die unser Dasein und unsere Person würdigt. Dadurch erhalten wir Menschen Bestätigung, Identität und erhöhen unser Selbstwertgefühl. Werden hauptsächlich unsere Defizite gesehen, neigen wir dazu, ein entsprechend negatives Selbstbild zu entwickeln. »Schau mich an« heißt aber darüber hinaus: »Sieh meinen Erfolg und gib mir Anerkennung für meine Leistung.« Bleibt die Bestätigung aus, weil beispielsweise der fünfte Verlag sein eingereichtes Manuskript abgelehnt hat, wird ein Schriftsteller womöglich anfangen, an seiner schriftstellerischen Fähigkeit zu zweifeln, kaum noch motiviert sein, etwas Neues zu Papier zu bringen, und damit die Möglichkeiten, Erfolg zu erzielen, immer mehr einschränken.

Was geschieht aber, wenn Menschen Bestätigung bekommen? Erfolg provoziert nämlich nicht nur Stolz und Freude, wie man gemeinhin annehmen würde, sondern nicht selten auch Versagensängste und die Furcht, doch nicht so gut zu sein, wie die anderen glauben. Diese Menschen gehen mit dem Gefühl durch die Welt, im Grunde

Betrüger zu sein, die eines Tages entlarvt werden. Dann werden alle sehen, dass sie doch nichts wissen und können. Jeder Fehler, jedes Versagen, jede Kritik, und sei sie noch so »harmlos«, rührt an diese Stelle und weckt die Angst, die sonst hinter großen Sprüchen und Überheblichkeit versteckt wird. Oder sie verbirgt sich im Protzen mit der eigenen Unfähigkeit. »Ich bin eine Null«, sagt sie zu ihm in dem Film. »Ich auch«, antwortet er. »Aber ich bin die größere Null.« Im Kino verursacht dieser Dialog Lacher – vielleicht weil wir das alle irgendwie auch kennen?

Die Bestätigung für unsere Inkompetenz suchen wir häufig gerade bei den Menschen, die etwas von uns halten, wogegen wir die Anerkennung für unsere Leistungen von jenen hören wollen, die sie uns nicht geben. Das klingt unlogisch, hat aber einen tieferen Sinn. Wir zementieren auf diese Weise unsere »Endauszahlung«, wie es in der Transaktionsanalyse heißt. Das ist unsere Grundüberzeugung. Wer nichts von sich hält, wird die Situation auf eine Weise gestalten, dass er diese Einschätzung bestätigt bekommt. Wer beispielsweise glaubt, dumm zu sein, wird sich dementsprechend ungeschickt anstellen und Kritik ernten. Wer sich unverstanden fühlt, offenbart sich in der Regel den anderen nicht und wird deshalb auch nicht gehört oder nur schwer zu verstehen sein. Wer sich nicht gesehen fühlt, zeigt sich den anderen nicht so, wie er wahrgenommen werden möchte. Wie sollen ihn die anderen dann erkennen?

Im Zusammenleben definieren Menschen ihre gemeinsame Realität und verprellen aufgrund von Missverständnissen, eigenen Problemen und Beziehungslosigkeit oft gerade jene, die es gut mit ihnen meinen. Dann stehen die, die sich gekränkt fühlen, jenen gegenüber, welche die »Kränkungen austeilen«, indem sie durch flapsige Sprüche oder spitze Bemerkungen bewusst oder unbewusst andere entwerten. Die Rollen wechseln dabei ständig: Gekränkt sein führt zum Gegenschlag, der eine weitere verletzende Antwort provoziert – und so fort. Hinter dieser Eskalation des Konflikts steht im Grunde der Wunsch, gesehen und so akzeptiert zu werden, wie man ist. Je dringlicher und existenzieller dieser Wunsch wahrgenommen wird, umso eher enden die Beziehungen in einem Kampf um Liebe und Anerkennung. Doch gerade die starke Dringlichkeit des Wunsches führt zu dem genauen Gegenteil. Die Erfüllung wird verweigert, was zu einer fast schon erwarteten neuen Kränkung führt. Am Ende können Beziehungen darüber zerbrechen.

Kränkend kann es auch erlebt werden, wenn jemand erfährt, dass andere ihn nur deshalb wertschätzen, weil sie sich einen Vorteil von ihm erhoffen. Sie sind freundlich, hofieren diesen Menschen vielleicht sogar, weil sie sich einen Job, Aufstiegschancen oder Vergünstigungen erwarten, lassen ihn aber in dem Moment fallen, wenn sich diese Aussichten zerschlagen. Diese Form des Ausnutzens kann zweierlei Folgen haben. Zum einen kann es Misstrauen gegenüber der Freundlichkeit anderer Menschen erwecken und zum zweiten zu einer völligen Zerstörung der bisherigen Beziehung führen. Denn Ausnutzen ist eine Seite, gute Beziehungen zu nutzen eine andere.

Die Rolle der neutralen Dritten

Um Kränkungskonflikte am Arbeitsplatz zu lösen oder zumindest so weit zu klären, dass eine weitere Zusammenarbeit möglich ist, kann die Hilfe durch Dritte manchmal unerlässlich sein. Doch Helfer, die ihrerseits im Dramadreieck der Kränkung verstrickt sind, bringen Sie nicht weiter. Klagen Sie bei Ihrer Kollegin über den Chef, seine

Ungerechtigkeiten und schlechte Laune, werden Sie von ihr möglicherweise bestätigt und Sie können gemeinsam auf ihn schimpfen. Das mag eine Art seelischer Hygiene darstellen, indem Sie Ihren Druck aufgrund der unbefriedigenden Situation ablassen können, ist jedoch für die Lösung des Konflikts kaum von Nutzen. Im Laufe der nächsten Wochen werden sich nämlich weder das Verhalten Ihres Chefs noch Ihre regelmäßig wiederkehrenden Klagen ändern. Der einzige Vorteil des gemeinsamen Schimpfens liegt in dem Gefühl, von einem anderen Menschen verstanden und bestätigt zu werden, was sehr wichtig ist, aber nicht zu einer Veränderung der Situation beiträgt. Denn es bleibt alles beim Alten: Sie verharren in Ihrer Opferposition, der Chef ist weiterhin der Täter und der Helfer ist in seinem Element. Ratsamer ist es daher, sich bei einem neutralen Dritten Hilfe zu holen, der die Situation objektiv betrachtet, wie beispielsweise ein Berater, Coach, Therapeut oder auch ein guter unparteiischer Freund. Freunde neigen jedoch oft aufgrund ihrer Sympathie für Sie dazu, unkritisch zu sein und die Situation mit denselben Augen zu beurteilen wie Sie. Dadurch besteht die Gefahr, dass sie sich mit Ihnen gegen den »bösen Feind« verbünden und die wichtige Rolle des »Unparteiischen« verlieren. Davon haben Sie jedoch wenig.

Das Ziel einer Hilfe durch Dritte besteht nämlich gerade darin, mit Ihnen zusammen den Konflikt zu analysieren und neue Perspektiven zu gewinnen. Dazu gehört, dass der Unparteiische Ihnen die Möglichkeit gibt, sich abzureagieren, anschließend aber einen Zugang zu Ihren echten Gefühlen und Bedürfnissen herstellt und herausfindet, an welchem wunden Punkt Sie die Zurückweisung getroffen hat. Danach gelingt es leichter, Ihren Anteil an der Kränkung zu klären und Lösungswege aufzuzeigen, wie Sie mit dem aktuellen Konflikt umgehen und vielleicht sogar zukünftige verhindern können. Das gelingt nur, wenn sich die beratenden und unterstützenden Personen frei fühlen, Ihnen ehrliche Rückmeldungen darüber zu geben, wie sie Sie und das Geschehen erleben, und Sie auch auf Ihre eigene Rolle an dem Kränkungskonflikt hinzuweisen.

Neben konstruktiven Rückmeldungen haben die Berater zudem die Funktion, Sie zu unterstützen, den Konflikt besser zu verstehen. Das kann durch ein Rollenspiel oder einen Dialog mit dem vorgestellten Kollegen oder Chef geschehen, wie ich es im dritten Teil näher beschreibe. Manchmal macht eine solche Arbeit ein direktes Konfliktgespräch sogar überflüssig. Erst wenn das nicht hilft und Sie sicher sind, ob und was Sie mit Ihrem Gegenüber klären wollen, sollten Sie eine persönliche Auseinandersetzung suchen. Das hat in der Regel aber nur Sinn, wenn Ihr Gegenüber auch dazu bereit ist. Ansonsten kann ein solches Gespräch Anlass zu möglichen weiteren Kränkungen geben. Das trifft vor allem für persönliche Auseinandersetzungen und private Konflikte zu und gilt im Berufsleben nicht immer. Denn als Chef können Sie beispielsweise nicht warten, bis Ihr Mitarbeiter zu einem Gespräch bereit ist, denn bis dahin kann der Konflikt eskaliert sein und viel Schaden im Unternehmen oder bei der Mitarbeiterschaft angerichtet haben. Für Vorgesetzte ist es daher oft nicht möglich und sinnvoll, auf persönliche Kränkungen Rücksicht zu nehmen, sondern notwendig, mit einem Mitarbeiter ein Gespräch zu führen, auch wenn dieser nicht dafür offen ist. Das ist ein entscheidender Unterschied im Umgang mit Kränkungen in privaten Beziehungen und am Arbeitsplatz. Zudem könnte eine zu große Rücksichtnahme auf die Kränkbarkeit des Mitarbeiters diese noch verstärken, da er ja im Endeffekt einen Vorteil davon hat, wenn er empfindlich, beleidigt oder trotzig reagiert. Indem er geschont wird, kann er sich verstecken und passiv bleiben, wird er jedoch gefordert, muss er Verantwortung übernehmen und Stellung beziehen. Dabei hilft ihm sozial kompetentes Verhalten mehr als Kränkungsreaktionen.

Eine Kränkung ist noch kein Mobbing

Wenn ich von Kränkungen am Arbeitsplatz schreibe, dann komme ich am Thema Mobbing nicht vorbei. Dieser Begriff hat sich seit den 90er Jahren immer mehr etabliert, ist jedoch nicht unumstritten. Gab es nicht schon immer Beleidigungen, Ausgrenzungen, Verleumdungen und Intrigen im Berufsalltag? Mein Eindruck ist, dass Menschen häufig Konflikte am Arbeitsplatz unüberlegt als Mobbing bezeichnen, die keines sind. Das vorschnelle Etikettieren von Konflikten als Mobbing scheint für die Lösung jedoch nicht dienlich, da es das Problem eher noch verschärft. Statt sich auseinanderzusetzen, wird der andere schon im Voraus als Täter verurteilt und die eigene Situation als Opferstatus definiert. Einen Begriff für ein Phänomen zu haben ist verführerisch, denn man meint, damit die Ursache für einen Konflikt zu kennen, obwohl vielleicht ganz andere Erklärungen eine Rolle spielen.

Eine Angestellte, Frau Laber, musste wegen einer dringenden Operation ins Krankenhaus, hatte jedoch Angst, dass eine Kollegin ihr in der Zwischenzeit den Job wegnehmen würde, wenn sie zu lange krankgeschrieben wäre. Sie befürchtete, dass ihre Abwesenheit dazu dienen könnte, dass die Kollegin ihren Kompetenzbereich an sich reißt und sie dadurch überflüssig werden könnte. Die Kollegin hatte bereits klargemacht, dass sie auf die halbe Stelle von ihr spekuliere, und ganz gezielt versucht, immer mehr Verantwortung zu übernehmen, um unentbehrlich zu werden. Frau Laber reagierte mit Angst und dem Vorwurf, gemobbt zu werden, obwohl sie das im Grunde gar nicht wurde. Sie verkürzte ihre Rekonvaleszenzzeit, um schnell wieder in der Arbeit zu erscheinen, nur um zu verhindern, dass ihr der Job weggenommen wird.

Statt der Kollegin gegenüber klare Grenzen zu ziehen und ihr deutlich zu machen, dass sie sich nicht aus ihrem Job drängen lässt, manövrierte sie sich in eine Opferposition und ging unbewusst davon aus, dass das Problem immer größer werden und sie am Ende den Kürzeren ziehen würde. Auf diese Weise könnte es sogar dazu kommen, dass der Konflikt in einem Mobbing eskaliert. In ihrem Fall wäre es sinnvoll gewesen, ein Gespräch mit der Kollegin und der Chefin gemeinsam zu führen, um noch einmal klarzulegen, dass sie ihren Job behalten will. Da sie von der Chefin sehr geschätzt wurde und diese sie auf keinen Fall verlieren wollte, hätte ihr deren Unterstützung zusätzlich geholfen, sich gegen die Kollegin zu behaupten. Darüber hinaus hatte sie einen Arbeitsvertrag, der ihr Recht auf den Arbeitsplatz sicherte.

Es gibt natürlich auch Fälle, in denen keine Lösung erzielt werden kann. Wenn beispielsweise der Personalchef keine eindeutige Aussage zu Gunsten eines Mitarbeiters machen will oder ein Kollege sogar versucht, einem anderen Fehler zu unterstellen, damit er entlassen wird, kann sich die Situation zu einem Mobbing entwickeln. Doch auch dann sind die Betroffenen nicht hilflos ausgeliefert, sondern können zumindest versuchen, sich zu wehren – und das am besten frühzeitig und sachlich angemessen. Denn wenn erst einmal die negative Spirale in Gang gesetzt ist, wird es immer schwieriger, sie zu stoppen.

»Mobbing beinhaltet, dass jemand am Arbeitsplatz von Kollegen, Vorgesetzten oder Untergebenen schikaniert, belästigt, drangsaliert, beleidigt, ausgegrenzt oder beispielsweise mit kränkenden Arbeitsaufgaben bedacht wird und der oder die Mobbingbetroffene unterlegen ist. Wenn man etwas als Mobbing bezeichnen möchte, dann muss dies häufig und wiederholt auftreten (z.b. mindestens 1x pro Woche) und sich über einen längeren Zeitraum erstrecken (z.b. mindestens ein halbes Jahr). Es handelt sich nicht um Mobbing bei einmaligen Vorfällen. Es handelt sich auch nicht um Mobbing, wenn zwei etwa gleich starke Parteien in Konflikt geraten. Diese Definition schließt eine mehr oder weniger aktive Rolle des Opfers nicht aus.«[15]

Wie Sie an dieser Definition sehen, handelt es sich bei den aufgezählten Verhaltensweisen im Zusammenhang mit Mobbing um Handlungen, die mit hoher Wahrscheinlichkeit als kränkend empfunden werden. Drangsaliert oder ausgegrenzt zu werden kann im Arbeitsleben eine schwere Beeinträchtigung bedeuten. Ausgrenzung bedeutet: Du gehörst nicht zu uns, wir wollen dich nicht. Damit gerät diese Person leicht auf ein Abstellgleis und es ist fraglich, ob sie je wieder den Anschluss findet. Es ist eine andere Situation, wenn Sie ein Kollege morgens nicht grüßt oder Ihnen die Tür nicht aufhält. Tut er das jedoch ständig – mit der Folge, dass Sie sich ausgegrenzt und ignoriert fühlen – und können Sie diesen Konflikt mit ihm nicht aus der Welt schaffen, sondern verstärkt er sich noch, dann kann das der Beginn von Mobbing sein. Fühlen Sie sich jedoch gleichwertig, nicht unterlegen und fähig, diesen Konflikt auszuhalten, werden Sie vermutlich nicht gemobbt werden. Wenn Sie zudem von anderen Kollegen gemocht und unterstützt werden und Ihre Position weitgehend gesichert ist, so sind Sie kaum in Gefahr, aus der Firma oder in eine Außenseiterposition gedrängt zu werden.

Zum Mobbing gehört also die erlebte oder bestehende Unterlegenheit, welche die Betroffenen entweder schon vorher oder erst im Laufe der Ausgrenzung entwickeln.

Das heißt aber nicht, dass nur Untergebene oder die Schwächsten in der Hierarchie von Mobbing betroffen sind, sondern es trifft auch Chefs und Vorgesetzte. So erleben sich etwa 30 Prozent auf den mittleren Hierarchieebenen und 25 Prozent in Vorgesetztenpositionen von Mobbing betroffen.[16]

Ein weiteres wichtiges Kriterium, damit aus einem ungelösten Beziehungskonflikt ein Mobbinggeschehen wird, ist die Isolierung der gemobbten Person durch Bildung eines Clans aus anderen Kollegen, die sich auf die Seite des Verfolgers schlagen.[17] Gepaart mit einer Stigmatisierung als Problemfall wird ihr die soziale Unterstützung mehr und mehr entzogen, was sie durch ihre Opferposition oder möglicherweise unangemessenen Verhaltensweisen zusätzlich unterstützt. Dadurch gelingt es der betroffenen Person kaum noch, ein klärendes Gespräch zu führen. Mit wem sollte sie es auch tun? Ist der Konflikt schon so weit fortgeschritten, dass ein Mitarbeiter in einem Betrieb bereits in der Rolle des Gemobbten wahrgenommen wird, kann ein Gespräch sogar schaden. Denn in diesem Fall erfährt er keine Unterstützung, da keiner mehr an einer Lösung interessiert ist. Auch die Vorgesetzten sind nicht mehr bereit, sich für ihn einzusetzen, denn jeder will ihn am liebsten nur loswerden. Hilfe bieten in diesem Fall außerbetriebliche Einrichtungen wie Mobbing-Beratungsstellen oder ein Coaching.

Charakteristisch für Situationen, die als Mobbing erlebt werden, ist, dass sie häufig kurz nach Antritt einer neuen Stelle, oft schon in den ersten sechs Monaten, auftreten oder bei Änderungen in der bisherigen Arbeitsstruktur. Dabei kann es sich beispielsweise um einen neuen Vorgesetzten handeln, um die Neubesetzung von Stellen oder einen neuen Besitzer. Haben Sie das Gefühl, dass der neue Chef Ihre bisherige Leistung nicht in dem Maße wertschätzt wie der vorherige oder sogar verlangt, Sie sollten alles anders machen als früher, kann Sie das kränken. Zum Mobbing könnte es kommen, wenn Ihr Chef Sie durch unlautere Methoden versucht loszuwerden, weil Sie seinem Arbeitsstil nicht entsprechen und er keinen Weg findet, sich fair von Ihnen zu trennen. Die dazu eingesetzten Strategien reichen von anfänglicher Distanzierung über den Ausschluss aus gemeinsamen Aktivitäten bis zu direkter Ausgrenzung: »Wir wollen Sie bei unserer Besprechung nicht dabei haben.« Sie bekommen das Gefühl, nicht mehr zu existieren, Ihnen werden Tätigkeiten entzogen, eventuell sogar das Büro, und man vermittelt Ihnen vielleicht sogar ganz offen, dass man Sie loswerden will.

»Tritt Mobbing dagegen sofort (nach Arbeitsantritt) auf, könnte man vermuten, dass in der Organisation bereits ein Konflikt existierte, der nun von der gemobbten Person ausgebadet werden muss.«[18] In diesem Fall gerät die betroffene Person in eine Sündenbockrolle, die mehr mit dem System zu tun hat als mit ihr.

Es gibt sogar Forscher, die davon ausgehen, dass Mobbing nur in Organisationen auftritt, die unter Stress stehen, entweder durch eine schlechte Führung, eine prekäre wirtschaftliche Lage oder Diffusionen aufgrund von Um- und Reorganisation. Wir sollten jedoch nicht nur die innerbetrieblichen Veränderungen der Arbeitsbedingungen für Mobbingentwicklungen berücksichtigen, sondern auch die gesellschaftlichen.[19] Durch den Wandel des Arbeitsmarktes infolge hoher Arbeitslosigkeit, der Wegrationalisierung von Arbeitsplätzen und der damit verbundenen Arbeitsverdichtung, steigender Konkurrenz und Outsourcing, d.h. Auslagerung von Arbeits- und Geschäftsprozessen zu externen Dienstleistern, erhöht sich die Angst um den eigenen Arbeitsplatz, aber auch das Misstrauen gegenüber Mitarbeitern, sie könnten sich auf Kosten anderer den Arbeitsplatz sichern. Das steigert die Gefahr, gemobbt zu werden oder selbst zu ausgrenzenden Methoden zu greifen.

Mobbing ist gekennzeichnet durch die »Systematik und Gerichtetheit von negativen Handlungen auf eine einzelne Person, welches mit einem Machtgefälle oder einem sich entwickelnden Machtgefälle einhergeht«.[20] Dieses Machtgefälle kann entweder durch die Stellung in der Hierarchie bedingt sein oder infolge von Mobbing, beispielsweise durch eine Zurückstufung, entstanden sein. Ein Machtgefälle im Zusammenhang mit einem Unterlegenheitsgefühl kann zum Nährboden für Mobbing werden, vor allem dann, wenn der Mobbingbetroffene selbst noch an seiner Opferrolle mitwirkt. Wenn er sich abwertet, klein macht, sich handlungsunfähig und ausgeliefert fühlt, den Mobber größer und mächtiger erlebt, als er wirklich ist, dann hat dieser leichtes Spiel. Für den Betroffenen wird es immer schwerer, sich zu wehren, und der andere wird immer stärker. Dadurch kann sehr leicht ein Teufelskreis entstehen: Die erlebte oder reale Unterlegenheit verhindert ein selbstbewusstes und abgrenzendes Verhalten; das wiederum stärkt die Position des Mobbers und schwächt den Mobbingbetroffenen. Ein schwaches Selbstwertgefühl ist wesentliche Voraussetzung, dass Mobbing seine Wirkung erzielen kann. »Je geringer das Selbstwertgefühl einer Person ist, umso verletzbarer durch Kritik, Kränkung oder Tadel wird sie sein und desto beeinträchtigter und ungerechter wird sie sich behandelt fühlen und wird mit, aus der Sicht der Kollegen, negativen sozialen Verhaltensweisen reagieren und die Angreifer in ihrem Verhalten nur bestärken.«[21]

Ich möchte hier noch kurz auf die Problematik der Begriffe Mobber und Mobbingopfer beziehungsweise Mobbingbetroffene hinweisen. Wie bei Kränkungen gehören auch zum Mobbing immer mindestens zwei: einer, der sich als Opfer fühlt, und wenigstens einer, der sich zum Verfolger dieses Opfers macht und es schikaniert. Im Grunde folgen diese Begriffe ebenso wie Kränker und Gekränkter den Gesetzen des Dramadreiecks. Wir sollten daher vorsichtig sein, denn allzu leicht schlagen auch wir uns als Kollegen, Therapeuten oder Berater als »Helfer« auf eine der beiden Seiten. Das klingt meines Erachtens manchmal auch in der Mobbingliteratur an. Sehen wir das Problem vom Opfer aus, dann liegt der Ausgangspunkt für ein Mobbing beim Täter, der das Opfer wie aus heiterem Himmel angreift und nicht mehr von ihm ablässt. Von Seiten des Täters liegt die Schuld beim Opfer, das alles falsch macht und nicht geduldet werden kann. Doch wie mit der Schuldzuschreibung zwischen »Kränker« und »Gekränktem« kann auch hier nicht ein Ursache-Wirkungs-Modell Anwendung finden. Der Täter kann nur Täter werden, wenn es ein Opfer gibt. Mobbingverhaltensweisen resultieren beispielsweise nicht selten aus Rache für selbst erlittene Angriffe, Verletzungen oder Kränkungen. In diesem Fall ist das spätere Opfer der anfängliche Täter und der spätere Täter das anfängliche Opfer, um in der Sprache des Dramadreiecks zu bleiben. Hieran sehen Sie, wie schwer es ist, eine Person auf eine Rolle festzulegen. Mit Schuldzuschreibungen zu hantieren ist ebenso unsinnig wie die Augen vor Dramadreieck-Spielen zu verschließen. Wir werden sie immer wieder erleben und es ist daher unsere Aufgabe, nicht selbst mitzuspielen, auch wenn das nicht immer leicht ist.

Wie schwierig es sein kann, ein Mobbinggeschehen objektiv zu beurteilen, zeigt folgendes Beispiel, bei dem die Wahrnehmung beider beteiligter Seiten auseinanderklafft.

Eine Chefsekretärin in einem mittelgroßen Unternehmen, Frau May, fand sich mit ihrem neuen Chef in der scheinbar identischen Lage wie mit ihrer vorherigen Chefin: Sie fühlte sich nicht respektiert und dadurch gemobbt. Bei jeder Kritik oder Bitte des Chefs, einen Fehler zu korrigieren, wurde Frau May ärgerlich und verteidigte sich oder brach in Tränen aus. Das ging so weit, dass der Chef ihre Fehler selbst korrigierte, da er Angst vor ihrer Reaktion hatte. Er begann sie zu schonen, was ihr Verhalten jedoch nicht veränderte, sondern im Gegenteil noch verstärkte. Sie fühlte sich mehr und mehr überfordert, hatte maßlose Angst, einen Fehler zu machen, und hasste sich, wenn ihr doch einer unterlief. Die Ablehnung, die sie sich selbst gegenüber hatte, projizierte sie auf den Chef – mit der Folge, dass sie ihn bekämpfte oder litt. Das gelang deshalb auch so gut, weil der Chef, ebenso wie die vorherige Chefin, sehr professionell war und so wirkte, als könne er alles und würde selbst keine Fehler machen. Zu ihrer Angst vor ihren eigenen Fehlern kam also noch die Angst vor dem leistungsstarken Chef dazu, dem sie unterstellte, dass er Fehler nicht akzeptieren könne. Sie fühlte sich mehr und mehr als Opfer, war ausgebrannt und bat um Sonderurlaub. Der Chef war entgegenkommend, er konnte die Arbeit aber nicht liegen lassen und ernannte eine andere Sekretärin zur Vertretung. Prompt fühlte sich Frau May aus ihrem Job gedrängt und wurde daraufhin krank. Nun musste sie auch noch ihr spezielles Wissen der »Nachfolgerin« mitteilen, damit diese ihre Arbeit erledigen konnte. Was blieb, war das Gefühl, wieder den Kürzeren gezogen zu haben und rausgedrängt worden zu sein.

Obwohl in diesem Fall kein Mobbing vorlag, denn Frau May wurde nicht schikaniert, erlebte sie es trotzdem so, da sie sich ausgegrenzt und böswillig behandelt fühlte. Sie verhielt sich so, als wäre sie gemobbt worden, obwohl es aus Sicht des Arbeitgebers keineswegs so war. Der Teufelskreis begann bereits mit der Angst, gemobbt zu werden, und endete gemäß ihrer sich selbst erfüllenden Prophezeiung: Man nimmt ihr den Job weg. Es könnte sogar so weit kommen, dass sie am Ende wirklich gemobbt wird und der Chef versucht, sie loszuwerden, weil die Vertretung ihre Arbeit gut macht und unkomplizierter im Umgang ist.

Der Beginn einer Situation, die zu einem Mobbing eskalieren kann, ist oft ein ungelöster Kränkungskonflikt mit Kollegen oder Vorgesetzten. Von Seiten der gekränkten Person wird die erlittene Entwertung als persönlicher Angriff interpretiert, wie es auch im obigen Fall zu sehen war. Wenn sie aus der Verletzung heraus passiv, trotzig, beleidigt, verweigernd oder aggressiv reagiert, verhindert sie eine konstruktive Konfliktlösung und provoziert unbewusst weitere Angriffe. Eine Eskalation des Konflikts beginnt, die gewalttätig enden kann, wie es für viele Mobbingfälle zutrifft. Es kann aber auch infolge erlittener Kränkungen zum Mobbing kommen, wenn der Gekränkte sich für die Angriffe oder Entwertungen rächt und versucht, den Kränkenden zu schaden.

In jedem Fall halte ich es für notwendig, sich mit dem eigenen Kränkungspotenzial vertraut zu machen und zu lernen, einer Kränkung konstruktiv zu begegnen. Das ist eine Voraussetzung, um Alltagskonflikte am Arbeitsplatz besser zu bewältigen und dadurch manches Mobbinggeschehen erst gar nicht entstehen zu lassen.

Kränkung als Stressfaktor

Konflikte mit anderen Menschen sind zwischenmenschliche Belastungssituationen und daher soziale Stressoren. Negative emotionale Kontakte mit Kollegen, Vorgesetzten, Untergebenen oder auch Kunden rangieren auf Platz zwei der Belastungssituationen am Arbeitsplatz.[22] Darunter fallen auch Zurückweisungen, Kritik, Ablehnung, Streitereien und dergleichen. Kränkungserlebnisse können daher als soziale Stresssituationen bezeichnet werden.

Soziale Stressoren sind in zwischenmenschlichen Beziehungen begründet und entfalten ihre Wirkung durch Akkumulation vieler kleiner ärgerlicher Vorkommnisse, wie wir schon im Zusammenhang mit der Eskalation von Konflikten gesehen haben. Die Häufigkeit und Dauer sozialer Stressoren sind ein wesentlicher ursächlicher Faktor für eine als Kränkung oder als Mobbing erlebte Situation. Soziale Stressoren können auf Dauer lang anhaltende Störungen im seelischen und körperlichen Bereich hervorrufen.

Eine erste Reaktion auf Stress ist eine allgemeine Schreck- oder Alarmreaktion, wie ich sie im Zusammenhang mit Kränkungserlebnissen schon beschrieb:[23] Wir erstarren, sind erschrocken, unser Atem stockt und wir wollen fliehen oder uns wehren. Hat der Organismus die Möglichkeit, seinen erhöhten Erregungszustand wieder abzubauen, gelangt er relativ schnell auf ein Normalmaß. Hält der Stress jedoch über längere Zeit an, bleibt auch der Organismus in einer Dauerspannung, die zu erheblichen körperlichen und seelischen Problemen führen kann.

- Bekannt sind die stressbedingten psychosomatischen Erkrankungen, die vor allem das Herz-Kreislauf-System betreffen, aber auch den Magen-Darm-Bereich, die Haut, das Bronchialsystem, Nieren, Blase und die Bandscheiben.
Besonders Rückenschmerzen sind zu einem weit verbreiteten gesundheitlichen Problem geworden, das in den meisten Fällen auf seelische Belastung zurückzuführen ist.

Gestresste Menschen leiden häufig unter schnellem Ermüden, Nervosität, Schlafstörungen, Zerschlagenheit, Kopfschmerzen, Verkrampfungen und Schwindelgefühlen.[24] Entspannung, die nötig wäre, um den Dauerstress abzubauen, finden die wenigsten, da sie unter den belastenden zwischenmenschlichen Beziehungen und Spannungen so sehr leiden, dass sie davon keinen Abstand mehr nehmen können. Die Gedanken kreisen wie zwanghaft um die erlittenen Verletzungen und Kränkungen, was wiederum zum Stressfaktor wird. Ein Teufelskreis, aus dem es keinen Ausweg zu geben scheint.

- Seelische Beeinträchtigungen, die mit Stress verbunden sind, sind Angst, Gereiztheit, Depressionen, eine starke Abnahme des Wohlbefindens, Selbstzweifel und Selbstunsicherheit sowie Albträume. Das Selbstvertrauen sinkt aufgrund der negativen Beziehungserfahrungen und das wiederum untergräbt die Möglichkeiten und Hoffnungen auf eine Veränderung der Situation.
- Durch Stress vermindert sich auch das Leistungsverhalten, es treten mehr Fehler auf, die Menschen verlangsamen oder arbeiten sehr schnell und dadurch oberflächlich und fehlerhaft. Die ständige Konzentration auf die Konflikte am Arbeitsplatz lenkt von der Arbeit ab und mindert die Arbeitsleistung. Wenn jemand immer auf der Hut sein muss, nicht wieder gekränkt oder verletzt zu werden, geht mehr Aufmerksamkeit in die soziale Beziehung als in die Bewältigung der Aufgaben. Durch sozialen Stress steigt auch das gesundheitsgefährdende Verhalten in Form von Drogen- und Alkoholmissbrauch, Missachtung von Sicherheitsbestimmungen und Arbeitsunfällen durch Konzentrationsstörungen.

- Sozialer Stress beeinträchtigt die Beziehungen und die Lebenszufriedenheit. Kränkungskonflikte können Arbeitsbeziehungen zerstören und sogar zur Kündigung und in die Arbeitslosigkeit führen. Aber auch die privaten Kontakte leiden unter den Arbeitsplatzproblemen, indem die schlechte Stimmung aus dem Betrieb an den Familienangehörigen ausgelassen wird oder der Betroffene sich zurückzieht, Freunde meidet und nichts mehr unternimmt, was seine Stimmung aufhellen könnte. Das Zutrauen zu sich selbst sinkt und damit auch die Motivation für Unternehmungen oder Projekte. Es ist der direkte Weg in eine depressive Hilflosigkeit.

Stress wird jedoch nicht allein an den körperlichen und seelischen Folgeerscheinungen deutlich, sondern zeigt sich bereits in der Konfliktsituation selbst. Die Wahrnehmung von Bedrohung und die Angst, die Situation nicht meistern zu können, bedeutet Stress und Belastung. Zur Überwindung von Stresssituationen ist daher das Erlernen von sozialer und emotionaler Kompetenz nötig, die im dritten Teil näher beschrieben werden.

Verletzung persönlicher Werte

Wie schon im Zusammenhang mit Konflikten des Wertesystems erwähnt, fühlen wir uns nicht nur gekränkt, wenn unser wunder Punkt berührt wird, sondern auch, wenn Werte, die wir vertreten, von anderen nicht anerkannt, respektiert oder sogar verletzt werden.[25] Je wichtiger die Einhaltung dieser Werte für uns ist, nach denen wir leben, umso stärker fällt die Kränkung aus.

Dabei ist zu berücksichtigen, dass Werte nichts Statisches und Unverrückbares sind, sondern dass sie einem gesellschaftlichen Wandel unterliegen und von Kultur zu Kultur verschieden sein können. Die Berufstätigkeit verheirateter Frauen oder sogar von Müttern galt z.b. zu Beginn des letzten Jahrhunderts noch als Minderung der männlichen Ehre, weil es als Zeichen dafür stand, dass der Mann seine Familie nicht ausreichend ernähren konnte. Heute ist es nicht mehr anrüchig – im Gegenteil: Viele Männer fordern von ihren Frauen sogar, einer Erwerbstätigkeit nachzugehen, um zum Familieneinkommen beizutragen und dadurch den Lebensstandard zu sichern.

Werte unterliegen nicht nur einem gesellschaftlichen, sondern auch einem individuellen Wandel, der von der persönlichen Entwicklung abhängt. Was einem jungen Menschen wichtig und von hohem Wert ist, beispielsweise als modern und unkonventionell zu gelten, kann im Erwachsenenalter an Bedeutung verloren haben.

Aktuelle Kränkungserlebnisse sind häufig eine Folge verletzter Werte, deren Befolgung zur existenziellen Notwendigkeit im Leben eines Menschen geworden ist. Gilt jemandem Offenheit und Ehrlichkeit als hohes moralisches Gut, dann kann es ihn tief treffen, wenn ihm Misstrauen entgegengebracht wird, wenn er belogen wird oder ihm Lügen unterstellt werden. Dabei geht es nicht nur darum, seine Ehrlichkeit zu verteidigen und keine Unwahrheiten zu verbreiten, sondern seine persönliche Würde aufrechtzuerhalten.

Werte dienen dem Menschen unter anderem dazu, im Kindesalter erlebte Entwertungen auszugleichen und ein positives Selbstbild aufzubauen. Zurückweisungen, Entwertungen und Kränkungen in der Kindheit verletzen das Selbstwertgefühl und die Identität des Kindes. Sie werden kompensiert durch den Aufbau eines Ideal-Ich,[26] das vorschreibt, wie jemand zu sein hat, um sich wertvoll zu fühlen. Die damit verbundenen Werte müssen eingelöst werden, ansonsten droht der Zusammenbruch des positiven Selbstbildes und des Identitätsgefühls. Ein Mensch, dem Offenheit und Ehrlichkeit sehr wichtig sind, wuchs unter Umständen als Kind in misstrauischen und undurchsichtigen Verhältnissen auf, in denen er sich nicht auf die Aussagen der anderen verlassen konnte. Was gestern galt, galt nicht unbedingt auch am nächsten Tag – und so fehlte ihm die Richtschnur für richtiges und kompetentes Handeln. Einmal wurde er gelobt, weil er sich nicht alles gefallen ließ und sich wehrte, beim nächsten Mal bekam er für dasselbe Verhalten Ohrfeigen und Strafen. Um zu überleben, entwickelte er einen hohen moralischen Anspruch auf Eindeutigkeit, Zuverlässigkeit und Ehrlichkeit, der ihm Halt und Richtung gab. Sobald dieser Wert verletzt wird durch Lügen, Unterstellungen oder uneinheitliche Anweisungen, reagiert er zutiefst verunsichert. Wird ihm womöglich vorgeworfen, ein Lügner zu sein, kennt seine Empörung keine Grenzen, weil doch gerade für ihn Ehrlichkeit einen herausragenden Wert besitzt.

In der Abbildung auf Seite 79 ist die Kränkungsdynamik noch einmal schematisch dargestellt.

Posttraumatische Verbitterungsstörung

Unter einer posttraumatischen Verbitterungsstörung[27], abgekürzt PTED (Posttraumatic Embitterment Disorder), versteht man eine Krankheit, die durch ein kränkendes, traumatisches Ereignis wie Entlassung, Arbeitslosigkeit oder anderes ausgelöst wird und die von Emotionen der Verbitterung und Ungerechtigkeit begleitet wird. Was verletzt wird, ist das individuelle Wertesystem der Person.

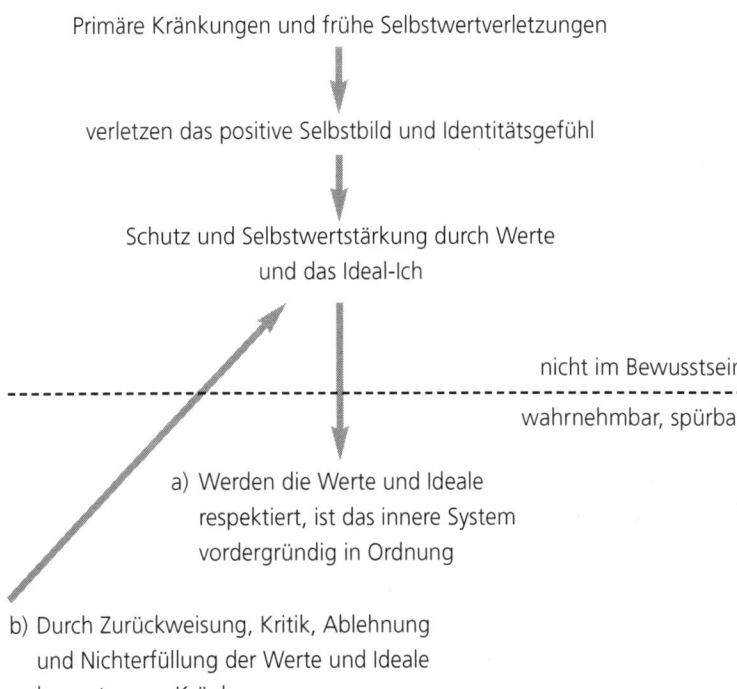

Die Definition von PTED ist der von Kränkungen sehr ähnlich. Menschen mit dieser Symptomatik entwickeln ebenso wie Gekränkte ein Gefühl, im Stich gelassen und ungerecht behandelt worden zu sein, sie sind verletzt, fühlen sich wie Versager, sind hilflos und trachten nach Rache. Sie würden es nicht bedauern, wenn dem Aggressor etwas Schlimmes zustoßen würde. Zugleich haben sie das Gefühl, Opfer zu sein, und neigen dazu, sich selbst abzuwerten.

Die Ursache, warum jemand auf ein normales, aber nicht alltägliches negatives Ereignis mit einer Verbitterungsstörung reagiert, beruht auf einem Zusammenbruch des Glaubens- und Wertesystems dieser Person. Früh gelernt und durch die Familie, soziale Gruppe oder Gesellschaft zementiert, bildet dieses System die Basis für Selbstüberzeugungen, für Lebensziele, für religiöse und politische Überzeugungen. Sie dient als Richtschnur für individuelles Verhalten über Generationen hinaus. Wird das Glaubens- und Wertesystem bedroht oder verletzt, kann es zum Zusammenbruch des Lebensentwurfs führen und in Verbitterung münden.

Wenn sich Kollegen oder Vorgesetzte anders verhalten als erwartet, kann das als Trauma erlebt werden und mit Wutausbrüchen, Angst oder Depressionen beantwortet werden. Die betroffene Person entwickelt eine Reihe spezifischer Symptome wie Hilflosigkeitsgefühle, Aggression, Niedergeschlagenheit, Selbstanklagen, unspezifische psychosomatische Reaktionen, Appetitverlust, Schlafstörungen und phobische Angstsymptome, die direkt mit der Person oder dem Ort des traumatischen Erlebens und Geschehens zusammenhängen. Diese Symptome schränken den Betroffenen in seinen Alltagsangelegenheiten stark ein.

Die Verbitterungsstörung wird deutlich abgegrenzt von der posttraumatischen Belastungsstörung, der Anpassungsstörung, der Depression und der Angststörung. Bisher ist dieses Krankheitsbild kaum erforscht und gilt nicht als eigenständige Diagnose.

Menschen, die mit Verbitterung reagieren, tendieren zu unflexiblen Überzeugungen und Konfliktlösungsstrategien. Sie sind eher intolerant gegenüber Wertesystemen anderer und verleugnen die Unsicherheit und Vergänglichkeit im Leben.[28] Vielleicht ist das auch ein Grund, warum sie durch enttäuschte Erwartungen so schwer getroffen werden können.

Eine klare Abgrenzung zwischen Kränkung und Verbitterung ist schwer zu treffen und mitunter sind sie wohl auch identisch. Denn auch Kränkungsgefühle können eine Folge verletzter Werte sein und umgekehrt scheint die Verbitterung eine Folge von Kränkungserlebnissen zu sein, die nicht oder nur mangelhaft überwunden wurden. Ein wesentlicher Unterschied scheint darin zu bestehen, dass der aktuelle Anlass im Fall der Verbitterungsstörung immer eine große Kränkung ist, wogegen Kränkungen auch bei so genannten Mikrotraumen auftreten. Vermutlich fallen die meisten schweren Kränkungserlebnisse in die Kategorie der Verbitterungsstörung.

Für die Überwindung der Verbitterungsstörung gelten dieselben Methoden wie bei der Bearbeitung von Kränkungserlebnissen. Wenn die Person das verletzende Verhalten versteht und erfährt, dass sie nicht vorsätzlich verletzt werden sollte und das Ereignis nicht persönlich nehmen muss, kann es zur Besserung kommen.

II Kränkungen im Berufsalltag

*Ein weiser Mensch ist nicht weise,
weil er keine Fehler begeht,
sondern weil er seine Fehler erkennt
und die Folgen akzeptiert.*

Luciano de Crescenzo

Die Bedeutung von Kränkungen in der Zusammenarbeit

Es gibt im Arbeitsbereich eine Vielzahl von Kränkungssituationen, die zwischen Kollegen, zwischen Untergebenen und Vorgesetzten oder mit Kunden stattfinden. Das Kränkungserleben selbst ist unabhängig davon, ob Sie sich durch einen Kollegen, einen Kunden oder einen Chef gekränkt fühlen. Die Wahrscheinlichkeit aber, mit der die Kränkungsreaktion eintritt, ist stark abhängig vom Kontext, in dem sie stattfindet. Denn die Bedeutung von Ereignissen verändert sich in Abhängigkeit von der Wichtigkeit der Person, von der Sie sich verletzt fühlen, und von der Situation, in der die Zurückweisung geschieht. Je stärker Ihr Fortkommen oder die Sicherheit Ihres Arbeitsplatzes von der Anerkennung und der Fürsprache Ihres Chefs oder Ihrer Chefin abhängt, umso stärker wird Sie eine Ablehnung oder Kritik durch diese Person treffen. Genauso verhält es sich unter Kollegen. Von jenen, mit denen Sie im Grunde nichts zu tun haben, werden Sie sich nicht so leicht in Ihrem Selbstwertgefühl angegriffen fühlen wie von Personen, mit denen Sie eng zusammenarbeiten und auf deren Kooperation und Unterstützung Sie angewiesen sind. Auch wenn Kollegen in der Regel nicht darüber entscheiden, ob Sie Ihren Arbeitsplatz behalten oder nicht: Sie brauchen dennoch deren Solidarität, um gute Arbeit zu leisten. Denn gezielte Aggressionen von Kollegen können so weit gehen, dass Sie sich gemobbt fühlen, Leistungseinbrüche haben, am Ende entlassen werden oder selbst kündigen.

Weist Sie ein wichtiger Kunde, dessen Aufträge Ihr Ansehen in der Firma stärkt, zurück, ist das für Sie ein viel größeres Problem als bei einem weniger bedeutenden Kunden, auf dessen Abschluss Sie leichter verzichten könnten.

Wie Sie sehen, ist Kränkung nicht gleich Kränkung. Ihre verletzende Wirkung hängt unter anderem vom sozialen Zusammenhang ab, in dem sie auftritt, und von der Bedeutung, die Sie ihr verleihen.

Eine rüde Anweisung vom Chef ertragen Sie mit weniger Selbstwerteinbuße, wenn sie hinter verschlossenen Türen geschieht, als vor der gesamten Belegschaft. Die Kritik eines Kunden können Sie sich mit mehr Gelassenheit anhören, wenn er sie Ihnen selbst sagt, als wenn Sie sie durch Ihren Vorgesetzten oder einen Kollegen erfahren. Die Schmach, das Gefühl, versagt zu haben, und die Scham, vor anderen bloßgestellt zu werden, ist im zweiten Fall sehr viel größer.

Sind Sie noch dazu ein Mensch, der unter Selbstzweifeln leidet, Negatives schnell auf sich bezieht und glaubt, an allem schuld zu sein, dann werden Sie häufiger verletzt reagieren. Denn in diesem Fall sind Ihr Selbstwertgefühl und Ihre positive Selbsteinschätzung in hohem Maße auf das Lob und die Anerkennung der anderen angewiesen. Bleiben diese aus, bedeutet das für Sie möglicherweise schon eine Zurückweisung oder Kritik. Wenn Sie mit Menschen zusammenarbeiten, haben Sie es mit einer solchen Haltung schwer, aber die anderen auch mit Ihnen. Sie müssen immer auf der Hut sein, ob Sie nicht wieder zurückgesetzt, verletzt oder benachteiligt werden, möglicherweise sogar zu kurz kommen. Ihre Kollegen fühlen sich vielleicht gedrängt aufzupassen, um Sie nicht unnötig zu verletzen oder Ihnen ungewollt das Gefühl zu geben, dass Sie nicht wichtig sind oder Ihre Leistung nicht herausragend ist. Sie werden auf Dauer etwas paranoid, da Sie überall Angriffe von anderen frühzeitig wittern müssen, um sie abzuwehren. Die Kollegen reagieren entweder übervorsichtig und schonen Sie, um Sie nicht anzugreifen, oder sie werden ungeduldig und unwirsch, weil sie Ihre Mimosenhaftigkeit nicht ertragen. Denn einen kränkbaren Menschen kann man kaum vor Kränkungen schützen, da es immer etwas gibt, das er »in den falschen Hals« bekommt. Die Samthandschuhe können noch so weich sein, die Vorsicht der Mitarbeiter noch so groß, die Kritik noch so gut verpackt, Anlässe für Kränkungen lauern überall.

Ebenso wenig, wie eine Schonhaltung die Kränkbarkeit eines Menschen vermindern kann, wird eine paranoide Vorsicht jemanden vor Kränkungen schützen können. Im Gegenteil: Die Fronten werden sich im Lauf der Zeit verhärten und die Kränkungshäufigkeit wird sich womöglich noch erhöhen.

Haben Sie also das Gefühl, dass Sie selbst schnell gekränkt reagieren, sich schon durch Kleinigkeiten zurückgesetzt, verletzt oder ungerecht behandelt fühlen, dann zögern Sie nicht, sich in einer therapeutischen Behandlung oder in einem Coaching Hilfe zu holen. Denn Ihre Kränkungsbereitschaft können die Kollegen und Chefs mit noch so viel Einfühlungsvermögen nicht verändern, das können nur Sie selbst. Auch ist es nicht deren Aufgabe, denn der Arbeitsplatz ist keine Selbsterfahrungsgruppe. Zudem kann eine hohe Kränkbarkeit Ihrerseits dazu führen, dass Sie sich als Opfer für Spötteleien, Neckereien oder vorsätzliche Angriffe und Aggressionen anbieten. Das muss nicht so sein, ist aber ein Risiko.

Ebenso ist es mit kränkbaren Kollegen, Chefs oder Kunden. Auch diese werden Sie weder durch Schonung noch durch erhöhte Einfühlung vor Verletzungen schützen können. Was Ihnen am besten hilft, ist Klarheit auf der Sachebene, um nicht in das Dramadreieck verstrickt zu werden. Wertschätzung, Freundlichkeit und Zugewandtheit sind, wie in allen persönlichen Kontakten, beziehungsstiftend. Auch Lob und Anerkennung bedeuten für kränkbare Menschen eine Selbstwertstärkung. Sie sollten Bestätigung jedoch nur dann aussprechen, wenn sie angemessen ist und Sie es ernst meinen. Ansonsten wäre es unaufrichtige Schonung.

Sind Sie dagegen jemand, der dazu neigt, andere Menschen zu kränken in dem Sinne, dass diese sich von Ihnen häufig verletzt fühlen, sich abwenden oder ärgerlich werden, dann haben Sie ein Problem, von dem Sie vielleicht bisher nichts wussten. Bereitet es Ihnen Vergnügen, andere zu necken und ironische Bemerkungen zu machen, zu sticheln oder sogar jemanden direkt anzugreifen, dann kann es passieren, dass Ihr Gegenüber einschnappt und es Ihnen mit ähnlicher Münze heimzahlt oder Sie links liegen lässt. In diesem Fall wäre es notwendig, sich Folgendes zu überlegen:

- Warum verhalten Sie sich so?
- Was bezwecken Sie damit?
- Welche eigenen Schwierigkeiten versuchen Sie damit zu verdecken?
- Welche Konsequenzen hat Ihr Verhalten auf Dauer für Sie und Ihre Arbeitsbeziehungen?

Falls Sie merken, dass Sie damit anecken oder sich sogar von anderen Menschen isolieren, wäre es hilfreich, eine Beratung aufzusuchen. Nehmen Sie dieses Problem nicht auf die leichte Schulter, denn wenn Sie andere Menschen verprellen, kann das auf Dauer schlecht für Sie ausgehen. Solange Sie eine wichtige und einflussreiche Stellung innehaben und Sie dringend gebraucht werden, wird man Ihr Verhalten eher tolerieren und Sie agieren lassen. Doch in dem Moment, in dem Sie an Bedeutung verlieren, können Sie ebenso leicht fallen gelassen werden, wie Sie vorher getragen wurden.

Die meisten Kränkungen geschehen jedoch unbeabsichtigt, und wenn es Ihnen häufig passiert, dass sich andere verletzt fühlen, obwohl Sie das nicht beabsichtigt haben, dann liegt es möglicherweise an der Art Ihrer Kommunikation. Durch den Tonfall, bestimmte Formulierungen, einen kritischen Blick oder auch nonverbale Gesten drücken Sie vielleicht unbewusst anderen gegenüber Ablehnung aus. Sie werden dadurch Ihrerseits Zurückweisung erfahren und gar nicht wissen, warum. Auch in einem solchen Fall wäre es für Sie hilfreich, Aufschluss über Ihr Verhalten zu bekommen, um es zu verändern.

In den folgenden Kapiteln möchte ich wesentliche Situationen beschreiben, die im Arbeitsprozess immer wieder Anlass zu Kränkungen geben, und Hilfestellungen für deren Lösung anbieten. In der folgenden Aufstellung sehen Sie die häufigsten Konfliktursachen in Organisationen,[1] die bei Befragungen in dieser Reihenfolge genannt wurden:

1. Unzureichende Kommunikation
2. Gegenseitige Abhängigkeit
3. Gefühl, ungerecht behandelt zu werden
4. (Rollen-)Mehrdeutigkeit aufgrund der Verantwortung

5. Wenig Gebrauch von konstruktiver Kritik
6. Misstrauen
7. Unvereinbare Persönlichkeiten und Einstellungen
8. Kämpfe um Macht und Einfluss
9. Groll, Ärger, Empfindlichkeit
10. Mitgliedschaft in unterschiedlichen Einheiten
11. Auseinandersetzung über die Zuständigkeiten
12. Belohungssysteme
13. Gesichtsverlust
14. Wettbewerb um knappe Ressourcen

Viele der genannten Punkte besitzen ein mehr oder weniger hohes Kränkungspotenzial, auf das ich in den folgenden Kapiteln näher eingehe.

Zuvor möchte ich jedoch auf Persönlichkeitsmerkmale verweisen, die verständlich machen, warum manche Menschen schneller gekränkt reagieren als andere oder dazu neigen, andere zu verletzen.

Persönlichkeitsprofile

Gibt es Persönlichkeiten, die eher zu Konflikten neigen und möglicherweise auch schneller gekränkt reagieren als andere? Diese Frage kann man mit Ja beantworten. In der Konfliktforschung spricht man von der so genannten »konflikträchtigen Persönlichkeit«,[2] sobald mehrere der unten genannten Merkmale vorliegen oder ein Merkmal in ausgeprägter Weise vorhanden ist:

- *Mangelnde Kontaktfähigkeit, geringe Flexibilität*
  Damit wird eine Person beschrieben, die eher kontaktscheu ist, sich wenig auf andere Menschen und deren Eigenheiten einstellen kann und wenig kompromissbereit und einsichtig ist.

- *Überzogener Ranganspruch, Geltungsstreben*
  Die Person strebt übermäßig nach Anerkennung und Bestätigung, mischt sich überall ein, übergeht und behindert dadurch andere und versucht, sich unentbehrlich zu machen.
- *Fehlende Frustrationstoleranz, geringe Belastbarkeit*
  Ein solcher Mensch kann schwer mit Enttäuschungen, Kritik und Zurückweisungen umgehen und braucht klare Regeln und Strukturen. Er wird durch fremde und unbestimmte Situationen leicht verunsichert und neigt zu vorschnellen und extremen Urteilen und Wertungen.
- *Überzogenes Konformitätsstreben, Jasagertum*
  Diese Person richtet ihre Meinung, ihr Verhalten und ihre Grundsätze nach den anderen aus, passt sich an, widerspricht und kritisiert nur selten.
- *Pessimismus, Hoffungslosigkeit*
  Das Verhalten ist geprägt von schlechter Laune, Missmut und Resignation, von Nörgelei, Ablehnung und Abwertung der anderen, ihrer Ideen und Leistungen. Die Person neigt zum Jammern und zur Passivität.

Die Art und Weise, wie Menschen Konfliktsituationen erleben und sich in ihnen verhalten, ist unterschiedlich. Ihre Verhaltens- und Erlebnismuster kann man in drei thematische Gruppen einteilen,[3] die ich unten beschreibe. Diese sind nicht als diagnostische Kategorien für Kollegen, Vorgesetzte oder Untergebene gedacht, weil das keinem Menschen gerecht würde und auch wenig sinnvoll für den Umgang miteinander wäre. Mein Anliegen ist, ein Verständnis für unterschiedliche Handlungsweisen zu wecken. Im Folgenden möchte ich das Kränkungspotenzial der unterschiedlichen Wahrnehmungs- und Verarbeitungsmuster beschreiben und die damit verbundenen Schwierigkeiten im Kontakt. Jedes Muster besitzt ein spezielles Thema, das mehr oder weniger Kränkbarkeit beinhaltet.

Sonderbar, exzentrisch, Nähe vermeidend

In diese Kategorie fallen Menschen mit paranoiden und schizoiden Mustern.

Menschen mit paranoiden Verarbeitungsmustern neigen dazu, sich grundlos ausgenutzt oder ständig benachteiligt zu fühlen. Beiläufige Bemerkungen oder Ereignisse werden schnell als Bedrohung erlebt. Ihr Groll währt lange und ihr Vertrauen ist nur schwer zu erringen.

Menschen mit dieser Haltung reagieren deshalb schnell gekränkt, weil sie dazu neigen, alles persönlich zu nehmen und anderen Menschen Böswilligkeit zu unterstellen. Kollegen, Chefs oder Untergebene werden danach beurteilt, ob sie negativ über die eigene Person sprechen oder gar etwas gegen einen haben. Dahinter steckt die Angst, dass ihnen etwas Schlimmes widerfahren könnte. Sie schützen sich dadurch, dass sie versuchen, ihre Umwelt zu kontrollieren, indem sie alles hören, sehen und erfahren, was um sie herum geschieht. Auf diese Weise hoffen sie, gegen mögliche Angriffe gewappnet zu sein. Eine paranoide Haltung beeinträchtigt das Miteinander, da es von Misstrauen und Angst bestimmt wird.

Die schizoide Reaktionsweise zeigt sich darin, dass sich Menschen zurückziehen, alles mit sich alleine ausmachen und wenig emotional reagieren. Sie zu loben oder mit ihnen einen herzlichen Kontakt herzustellen fällt schwer, da sie kaum darauf eingehen, sondern sich umso mehr verschließen. Sie sind wenig kränkbar, da sie sich gefühlsmäßig verschließen und daher Verletzungen kaum wahrnehmen oder rein rational mit ihnen umgehen.

Haben Sie einen Kollegen oder Chef mit einer schizoiden Tendenz, werden Sie sich möglicherweise leicht zurückgewiesen und abgelehnt fühlen, da diese Personen unzugänglich und abwehrend wirken. Lob und emotionale Unterstützung werden Sie von ihnen nur selten bekommen, da sie emotionale Kontakte eher vermeiden. Auch neigen sie dazu, Konflikten lieber aus dem Weg zu gehen aus Angst, ihnen nicht gewachsen zu sein oder vielleicht mit eigenen Gefühlen oder denen der anderen konfrontiert zu werden. Auf dem Boden reiner Sachlichkeit fühlen sie sich sicherer.

Dramatisch, emotional, launisch

In diese Kategorie fallen Menschen mit narzisstischen, hysterischen, antisozialen und Borderline-Mustern.

Sehr kränkbare Persönlichkeiten sind häufig narzisstisch oder hysterisch. Beide suchen gleichermaßen den Mittelpunkt, möchten bewundert werden und brauchen ständig Bestätigung, Anerkennung und Lob, um zufrieden zu sein. Bleibt all dies aus, kann das allein dazu führen, dass sie sich zurückgesetzt und abgelehnt fühlen. Der hysterische Typ zeichnet sich durch emotionale Erregbarkeit bei kleinen Anlässen und demonstratives, stark expressives Verhalten aus. Dagegen sind narzisstische Reaktionsmuster charakterisiert durch starke Neidgefühle und die Angst, schlechter abzuschneiden oder weniger wert zu sein als andere. Ein solcher Kollege wird Ihnen immer wieder erklären, dass er es besser kann als Sie, und sich Vorteile verschaffen, von denen Sie nur träumen können. Denn er ist geschickt darin, andere Menschen für seine Zwecke und Bedürfnisse auszunutzen. Bei Kritik jedoch oder bei Ablehnung spüren Sie seine Verletztheit in Form von Rückzug, Beleidigtsein, anklagenden Vorwürfen oder Hass. Ein Chef mit einer narzisstischen Struktur wird Sie loben, wenn Sie ihm zu mehr Ruhm und Reichtum verhelfen, indem Sie ihm Ihre ganze Arbeitskraft und Ihren Ideenreichtum zur Verfügung stellen. Aber Vorsicht, vielleicht neidet er Ihnen Ihre Fähigkeiten sogar und wertet Sie unbewusst ab. Das tut er möglicherweise auch, wenn Sie »nur« Mittelmaß sind.

Menschen mit antisozialen und Borderline-Mustern sind gekennzeichnet durch hohe Reizbarkeit, Impulsivität und Aggressivität. Ihre Integrations- und Konfliktlösungsfähigkeiten sind eher gering. Eine antisoziale Haltung zeigt sich häufig in einer permanenten und auch durch Einsicht nicht zu verändernden Weigerung, Verpflichtungen einzuhalten, sich an Regeln und Normen zu halten und vorausschauend zu planen. Die Kritik durch Vorgesetzte oder Kollegen kann eine starke Kränkungsreaktion auslösen.

Borderline-Persönlichkeiten neigen zu einer inneren Zerrissenheit, die sie nach außen projizieren, indem sie Menschen in Gute und Böse einteilen. Wenn sich eine solche Person durch Sie gekränkt fühlt, kann es sein, dass sie Sie von da an »total« ablehnt und den Kontakt zu Ihnen gänzlich abbricht – völlig im Gegensatz zu ihrer vorherigen fast überschwänglichen Zuneigung für Sie. So, wie Sie zuerst aufgewertet wurden, als Sie »gut« waren, werden Sie nun als »böse« verteufelt. Das wiederum kann nun Sie kränken oder ärgerlich machen.

Ängstlich, furchtsam

Diese Kategorie beinhaltet selbstunsichere, abhängige, zwanghafte und passiv-aggressive Verhaltensmuster.

Selbstunsichere und abhängige Persönlichkeiten sind leicht durch Kritik zu verletzen. Das geringste Zeichen von Ablehnung kann bei ihnen eine verheerende Wirkung auslösen. Sie sehnen sich nach Zuneigung und Anerkennung und befürchten, im Kontakt mit anderen Menschen in Verlegenheit zu geraten. Für diese Personen gilt sicherlich der Begriff »Mimose«, die bei der leichtesten Berührung ihre Blätter schließt. Abhängigkeit ist oft mit Unterwürfigkeit verbunden und verhindert Eigeninitiative und Selbstverantwortung. Signale aus der Umwelt werden daher schnell als Verletzung und Abwertung interpretiert. Auch zwanghafte Persönlichkeiten, für die Perfektionismus und Starrheit charakteristisch sind, werden leicht durch Kritik verunsichert. Denn sie versuchen, es allen recht zu machen, indem sie minutiös Regeln befolgen, bis ins Detail Verfahrensfragen klären und keine Ungenauigkeit zulassen. Einem solchen Chef werden Sie möglicherweise nur schwer gerecht werden können, denn sein Maßstab liegt so hoch, dass er ihn meist selbst nicht erfüllen kann. Die passiv-aggressiven Persönlichkeiten reagieren dagegen gekränkt auf Forderungen, ihre Leistung zu steigern. Sie leisten gegen jeglichen Anspruch passiven Widerstand durch Verzögerungsmanöver, Trödeln, Bockigkeit, »Vergesslichkeit« und dergleichen. Damit belasten sie ihre Kollegen, denn sie erfüllen ihren Teil der Arbeit nicht, beklagen sich aber über die hohen Anforderungen. Die Vorgesetzten werden als »Sklaventreiber« verachtet und beschimpft. Ein Chef mit einer solchen Struktur lässt die anderen arbeiten und bietet nach außen sichtbar das Bild des immer Überarbeiteten, von dem man nicht noch mehr verlangen kann.

Angst und Selbstunsicherheit sind wesentliche Bedingungen für eine hohe Kränkbarkeit. Dabei ist Angst ein schlechter Ratgeber, sowohl für Führungskräfte als auch für Mitarbeiter. Aus Angst resultieren oft Verhaltensweisen, die genau zu dem Problem führen, vor dem man Angst hat: Aus Angst vor Konflikten beispielsweise wird eine Führungskraft Unstimmigkeiten im Team ignorieren, sich darum drücken, klare Zielvorgaben zu formulieren, zu wenig kontrollieren und Entscheidungsschwäche zeigen[4] und gerade dadurch viele Konflikte im Arbeitsteam hervorrufen. Weitere Auswirkungen auf das Arbeitsteam sind ein Gerangel um die Position des »heimlichen Leiters«, ein Vertrauens- und Autoritätsverlust des Chefs sowie eine Desorientierung der Mitarbeiter. Dadurch entsteht ein sehr hohes Konfliktpotenzial im Arbeitsteam, das durch Abwertungen und Nichtwürdigung gekennzeichnet ist und kränkend erlebt wird, da keiner wirklich Anerkennung für das erhält, was er tut. Vermeiden kann man ein solches Konfliktpotenzial in einem Arbeitsteam durch eine stringente Führung, bei der Konflikte ebenso Berücksichtigung finden wie Anerkennung und die Führungsposition eindeutig definiert ist.

Auf Seiten der Mitarbeiter zeigt sich selbstunsicheres und ängstliches Verhalten als Versuch, es allen recht zu machen, um nicht anzuecken. Aber genau dadurch geraten sie häufig in Konflikt mit Kollegen und Vorgesetzten. Sie grenzen sich nicht klar ab und lassen sich zu viel Arbeit aufbürden, was irgendwann entweder zum Ausfall durch Krankheit oder zu unterschwelliger Aggression führt, weil sie sich ausgenutzt fühlen. Die mangelnde Fähigkeit oder die Angst davor, Grenzen zu ziehen und eigene Bedürfnisse auszudrücken, führt in der Konsequenz zu Kränkungen der eigenen Person, da diese Menschen ihre Wünsche abwerten zu Gunsten der vermeintlichen Wünsche anderer. Sie entwerten jedoch auch die anderen, da sie kein wirkliches Interesse an ihnen haben, sondern hauptsächlich gut ankommen und von ihnen gemocht werden wollen.

Neben Angst bereitet auch die Schwächung des Selbstwertgefühls den Boden für Kränkungen. Wie oben schon beschrieben, sind vor allem narzisstische Persönlichkeiten stark kränkbar, da sie ihr instabiles Selbstwertgefühl durch die Anerkennung und Bewunderung von außen aufrechterhalten. Statt Kritik suchen sie Zustimmung von Untergebenen und Kollegen und sind nur dann zufrieden, wenn diese sich so verhalten, wie sie es gerne hätten. Allein in deren Anderssein und der damit einhergehenden Enttäuschung eigener Erwartungen liegt für sie schon eine Ablehnung. Das Anderssein der anderen wird nicht selten als Angriff auf die eigene Person interpretiert, die in der Einstellung gipfeln kann: »Wer nicht für mich ist, ist gegen mich«.

Bei der narzisstischen Reaktionsweise sind zwei Varianten zu unterscheiden: die depressiv-minderwertige und die aggressiv-grandiose. Menschen mit depressiv-minderwertigem Grundgefühl reagieren in Kränkungssituationen mit einem starken Selbstwerteinbruch, gegen sich gerichteter Aggression, Selbstabwertung und -vorwürfen und dem Gefühl, nichts und niemand zu sein. Die Grandiosen richten ihre Wut nach außen, greifen »den Feind« an oder werden sogar gewalttätig, überhöhen sich und sind empört, wie Menschen sie zurückweisen können. Sie sonnen sich in ihrer Selbstbezogenheit und müssen sie unter allen Umständen aufrechterhalten, da sie Angst haben, klein, unbedeutend und so normal zu sein wie alle anderen. Beiden Reaktionsmustern liegt ein instabiles Selbstwertgefühl zugrunde, das künstlich erhöht werden muss, um nicht vollends zusammenzubrechen.

Das narzisstische Thema kreist um die immerwährende Frage »Bin ich gut genug?« und die Unsicherheit »Wer bin ich wirklich?«. Die Antwort darauf kann nur von außen kommen. Wie im Märchen Schneewittchen, in dem die schöne Königin immer dann ihren Spiegel mit den Worten befragt: »Spieglein, Spieglein an der Wand, wer ist die Schönste im ganzen Land?«, wenn sie sich über ihre Wirkung unsicher ist oder befürchtet, eine andere, in dem Fall Schneewittchen, könnte sie übertreffen.

Die Königin und narzisstische Persönlichkeiten haben eines gemeinsam: Sie sind verliebt in ihr Spiegelbild, in ihre idealen Seiten, in ihren Erfolg und ihre Einzigartigkeit. Um sich zu bestätigen brauchen sie ständig den Spiegel, der ihnen sagt, ob sie die Besten sind.

Zusammenfassend kann man sagen, dass große Ängstlichkeit, geringe soziale Kompetenz im Umgang mit anderen, Selbstunsicherheit, mangelndes Selbstvertrauen und wenig Durchsetzungsfähigkeit ebenso einer Kränkungsbereitschaft Vorschub leisten wie das andere Extrem der überhöhten Selbstsicherheit und des grandiosen Selbstwertgefühls mit nach außen gezeigter scheinbarer Angstfreiheit und Arroganz. Auch wenn man es diesen Menschen nicht ansieht, leiden sie doch ebenso unter Selbstzweifeln, obwohl sie diese gut verdrängt haben und überspielen können. Aus der Mobbing-Forschung wissen wir, dass nicht nur depressiv Strukturierte gemobbt werden, sondern häufig auch sehr souveräne, überheblich auftretende Personen, die sich einmischen und versuchen, alles an sich zu reißen. Aber auch Personen, die andere angreifen, handeln mitunter aus einem Gefühl der Unsicherheit und Angst heraus und werten andere ab, weil sie sich bedroht fühlen oder ihre Vormachtstellung als Bester gefährdet sehen. Geringes Selbstwertgefühl oder Überheblichkeit und Arroganz sind auch hier oft die Motive für ihr Handeln.

Die besten Schutzmaßnahmen, um Situationen nicht als Kränkungen zu verarbeiten und sich gegen Angriffe zu wehren, sind daher:
- Das Erlernen sozialer Kompetenz, das heißt der Fähigkeit, auf gleicher Ebene mit anderen umzugehen und

dabei Autonomie zu wahren und Autorität zu zeigen, ohne die anderen zu unterwerfen.

- Der zweite Baustein ist die Stabilisierung des Selbstwertgefühls, um im Umgang mit anderen weder nur klein beizugeben noch sich zu überhöhen, sondern die eigenen Stärken ebenso zu kennen wie die Grenzen.
- Der dritte Faktor besteht darin, die eigene Angst zu kontrollieren, statt von ihr kontrolliert zu werden. Indem Sie sagen: »Das kann ich nicht, weil ich Angst habe«, verstecken Sie sich hinter Ihrem Gefühl und benutzen es als Begründung für Ihre Vermeidungshaltung. Damit geben Sie der Angst die Macht und Kontrolle über sich und Ihr Verhalten. Wenn Sie so argumentieren, müssen Sie sich im Klaren sein, welche Konsequenzen das hat. Es bedeutet eine Einschränkung Ihres Lebens und Ihrer Möglichkeiten. Sie schöpfen nicht aus der Fülle, sondern begnügen sich mit der Begrenztheit. Wenn Sie aber sagen: »Ich habe Angst und tue es trotzdem«, dann besteht die Möglichkeit, Ihre Ängste zu überwinden und neue Fertigkeiten zu entwickeln. Das gilt insbesondere für phobische Ängste wie Redeangst oder die Angst vor mangelnder Durchsetzungsfähigkeit. Es gibt natürlich auch Ängste, die der Behandlung bedürfen, und dafür ist dieser Ratschlag nicht angemessen. Ziel einer psychotherapeutischen Behandlung ist, die eigenen Ängste unter Kontrolle zu bringen, statt sich ihnen hilflos ausgeliefert zu fühlen.

Stille Post

Das Spiel »Stille Post« fasziniert mich seit meiner Kindheit. Eine Person flüstert einer anderen neben sich einen Satz ins Ohr und diese Person gibt ihn flüsternd an ihren Nachbarn oder ihre Nachbarin weiter, bis zum Schluss die letzte Person in der Kette ausspricht, was sie verstanden hat. Kaum zu glauben, was am Ende herauskommt! Als Spiel ist es witzig und macht viel Spaß. Doch leider ist stille Post mehr als nur ein Spiel, nämlich Teil des alltäglichen Miteinanders. Das liegt in der Vieldeutigkeit menschlicher Kommunikation, da andere dem, was wir sagen, neue Bedeutungen zuschreiben, die wir weder beabsichtigten noch in unserem Gesagten vermuten. Zugleich entgeht den Zuhörern aber auch ein Teil der Bedeutung, die wir unserer Meinung nach ausgedrückt haben. Das hängt zum einen damit zusammen, dass die Bedeutungen von Wörtern bei verschiedenen Menschen mit unterschiedlichen Assoziationen verbunden sind. Zum anderen beruht es darauf, dass wir gar nicht alles in Worten ausdrücken können, was wir mitzuteilen haben, denn vieles bleibt als Gefühl oder Gedanke ungesendet. Auf diese Weise kann es leicht zu Missverständnissen und Unstimmigkeiten kommen, die von keiner Seite beabsichtigt sind, aber aufgrund der Subjektivität der individuellen Wahrnehmung trotzdem entstehen.

Ich bemerke das oft bei Vorträgen, wenn ich auf Aussagen hin befragt werde, die ich so nicht formuliert und nicht gemeint habe. Dennoch werde ich auf diese Weise verstanden, weil Menschen subjektiv Informationen auswählen und daher hören, was sie hören wollen, was ihnen vertraut ist oder ihre Meinung unterstreicht.

Missverständnisse sind eine häufige Ursache von Kränkungen. Sie entstehen, weil ein anderer uns »falsch« verstanden hat. Die Wahrscheinlichkeit von Missverständnissen ist höher, wenn die Kommunikation nicht direkt, sondern über andere erfolgt und jemand eine Information bekommt, die durch zwei, drei oder noch mehr Kollegen gefiltert ist. Jeder hört die Information etwas anders, fügt etwas hinzu, lässt etwas weg – und was der Empfangende dann am Ende versteht, kann, wie bei der »Stillen Post«, nur noch ein Rudiment der ursprünglichen Botschaft sein. Auf diese Weise werden Gerüchte in Umlauf gebracht oder Meinungen weitergegeben.

Gerüchte zu streuen wird in allen deutschen Studien als häufigste Mobbingstrategie genannt. Die Erfahrung zeigt jedoch, dass es in Organisationen häufig Gerüchte gibt, da vieles Wichtige über den »Flurfunk« verbreitet wird. Kränkend verarbeitet werden sie möglicherweise trotzdem. Wenn im Rahmen von Stellenstreichungen beispielsweise das Gerücht umgeht, dass eine Abteilung besonders betroffen ist, so schürt das Angst und Unsicherheit bei den Betroffenen, aber auch Ärger über die ungenauen Aussagen. Andere Gerüchte beziehen sich auf mehr persönliche Inhalte wie negative Unterstellungen oder entwertende Geschichten über einzelne Personen, ohne dass diese die Möglichkeit haben, sie richtigzustellen. Erfahren Sie auf Umwegen, dass man Sie für faul hält, kann Sie das stark verletzen. Da die Information nicht öffentlich ist, können Sie dagegen keinen Einspruch erheben und fühlen sich den Gerüchten ausgeliefert. Das kann die Eintrittskarte dafür sein, dass Sie sich zum Opfer machen und den anderen dadurch einen Angriffspunkt für weitere Schikanen bieten. Sind Sie jedoch von Ihrem Fleiß und Arbeitseinsatz überzeugt, dann können Ihnen solche Gerüchte nicht so viel anhaben, auch wenn sie Sie ärgern. Umgekehrt ist es ratsam, Geschichten, die über andere erzählt werden, nicht sofort für wahr zu nehmen und weiterzutragen. Ansonsten heizen Sie möglicherweise einen Konflikt mit an, der zu einer regelrechten Verfolgung oder Verurteilung eines anderen Menschen führt.

Konkurrenz und Rivalität

Das Streben nach Erfolg, Einfluss, Geld und Karriere oder nur nach dem Erhalt des Arbeitsplatzes beinhaltet in sich schon Konkurrenz, denn in der Regel gibt es Mitbewerber um eine Stelle oder Anwärter auf den eigenen Posten. Gerade in Zeiten hoher Arbeitslosigkeit wird Arbeit zu einem besonderen Gut, das oft mit allen Mitteln verteidigt wird.

Der Spruch: »Konkurrenz belebt das Geschäft« weist auf den positiven Aspekt von Konkurrenz hin. Menschen strengen sich an, besser zu werden als die anderen, was sowohl die Produktivität eines Unternehmens als auch die Qualität des Produkts steigern kann. Beim Kampf um Kunden und Marktstellungen werden andere zu Gegnern, wenn sie dieselbe Ware anbieten.

»Ein Machtkampf ist legitim zwischen rivalisierenden Individuen, wenn es sich um eine Konkurrenz handelt, bei der jeder seine Chance hat.«[5]

Die Regeln des fairen Wettbewerbs sollen verhindern, dass diese Kämpfe in Kriege ausarten, was jedoch viele nicht davon abhält, unlautere Mittel einzusetzen. Eine solche Dynamik finden wir sowohl zwischen Unternehmen als auch innerhalb der Arbeitnehmerschaft eines Unternehmens.

»Unterlassene Hilfeleistung für den Mitbewerber ist in Konkurrenzbeziehungen nicht nur nicht strafbar, sie ist im Einklang mit der Logik des Wettbewerbs. Wer aber seine Vorteile dadurch zu erlangen sucht, dass er dem Gegner aktiv schadet, der hat die Grenze zur Kriegsführung überschritten.«[6]

Das Kränkende an der Konkurrenz liegt für viele nicht erst in der Verletzung durch den Gegner und seine unlauteren Mittel wie Schlechtmachen, Verleumden, Anschwärzen, sondern bereits in der Existenz von Konkurrenz an sich. Dabei ist Konkurrenz ein selbstverständlicher Bestandteil des Lebens. »Leben heißt Verhandeln und Ringen um Ressourcen und Lebenschancen und bedeutet nicht passive Versorgung«, sagt Eidenschink. Wer die Existenz von Konkurrenz an sich schon für eine Zumutung hält, für den bedeutet sie ausschließlich die Einschränkung eigener Macht und Einflussmöglichkeiten durch die Konkurrenten,[7] und eine Bedrohung seines Selbstwertgefühls.

Je geringer das Selbstwertgefühl der Betroffenen, desto bedrohlicher wird Konkurrenz erlebt und desto eher lässt man sich einschüchtern und gibt vorschnell auf. Oder die Angst schlägt in Aggressivität und Angriff um. Im ersten Fall ist die Grundlage der Reaktion das Minderwertigkeitsgefühl, im zweiten die Überheblichkeit (Grandiosität). Beide Reaktionen basieren auf einem instabilen Selbstwertgefühl und so reicht allein die Existenz eines anderen aus, um die innere Sicherheit anzugreifen.

Die Reaktion aus den Minderwertigkeitsgefühlen heraus drückt die Angst vor Versagen aus: »Was, wenn der andere besser ist als ich? Ich werde es nicht schaffen, ihn zu übertrumpfen oder zumindest ihm standzuhalten. Ich verliere meine Macht und mein Ansehen.«

Die Reaktion aus der Grandiosität betont die Empörung und Ablehnung: »Was bildet sich der andere ein, dasselbe anzubieten wie ich? Ich kann das doch sowieso besser! Ich werde ihm zeigen, dass ich der Mächtigere bin.«

Wer Angst hat zu versagen, weil die Konkurrenten vielleicht besser sind, wird nicht selten versuchen, sie alle zu übertreffen. Damit jedoch ist der Betreffende in der Konkurrenzspirale gefangen: Er muss immer besser werden, um zu gefallen und sein Selbstwertgefühl zu stärken, bekommt Angst, wenn andere besser oder gleich gut sind, und reagiert darauf mit verstärkter Anstrengung. Tatsache ist jedoch, dass es immer andere gibt, die gleich gut oder besser sind. Sie wird nur dann zum Problem, wenn die Person glaubt, dass eine gleich gute oder bessere Leistung des anderen die eigene schmälert. Es kann daher leicht zu Kränkungen kommen, wenn es immer nur »entweder du oder ich« heißt und es kein Nebeneinander gibt im Sinne von: »Ich bin gut, auch wenn du gut bist.«

Durch das Ausbleiben der selbstverständlichen positiven Verstärkung erleben viele Konkurrenz als kränkend. Statt als die Besten betrachtet zu werden, müssen sie sich anstrengen und um die Vormachtstellung kämpfen. Das fällt Männern leichter als Frauen. Männer entwickeln ihr Selbst, indem sie sich von anderen abheben, daher kann Konkurrenzverhalten bei ihnen identitätsstiftend sein. Der Junge wird zum Jungen, indem er sich von der Mutter unterscheidet, anders wird als sie und sich später mit dem Vater identifiziert. Frauen suchen ihr Selbst, indem sie sich auf dasselbe Geschlecht beziehen und der Mutter gleich werden. Daher kann Konkurrenz und Anderssein eine Verunsicherung oder sogar eine Bedrohung der weiblichen Identität bedeuten. Denn Konkurrenz hat etwas mit Abgrenzen und Differenzieren zu tun, eine Haltung, die den meisten Männern näher ist als Frauen.[8]

Daran sehen Sie, dass Konkurrenzverhalten nicht nur eine persönliche Haltung widerspiegelt, sondern in hohem Maß auch von Sozialisationsfaktoren abhängt. In unserer Gesellschaft lernen Frauen erst seit dieser Generation, im Beruf mit Frauen und Männern zu konkurrieren. Für Männer gehört das in ihr Rollenbild. Frauen dagegen konkurrieren in der Regel eher verdeckt und weniger offen. Vor allem die kooperative Konkurrenz, bei der die anderen durch die eigene Leistung angespornt werden, ist ihnen häufig fremd. Stattdessen erleben sich Frauen in Rivalität zu Männern und Frauen, einer nicht kooperativen Form der Konkurrenz,[9] die zum Ziel hat, die anderen auszustechen und als Siegerin durchs Ziel zu gehen. Was sie dabei jedoch zu verlieren drohen, ist die Beziehung zu den anderen. Diese Form des Konkurrierens bindet nicht, sondern spaltet.[10]

Im gesellschaftlichen Alltag sind häufig Rivalität und Konkurrenz im Sinne einer nicht kooperativen Konkurrenz üblich. Zusammenarbeit, Unterstützung, gegenseitiger Ansporn um eines gemeinsamen Ziels willen wird oft auf dem Altar eigenen Profitstrebens geopfert.

Aus persönlichkeitsspezifischer Sicht ist Konkurrenzverhalten ein Ausdruck des Wunsches, gesehen, gehört, gelobt und verstanden zu werden oder sogar im Mittelpunkt zu stehen. Das sind Bedürfnisse, deren Erfüllung das eigene Selbstwertgefühl stärkt und die daher angemessen sind. In Unternehmen, deren Arbeitsabläufe vorwiegend auf Effizienz ausgerichtet sind, wo unter großem Zeitdruck gearbeitet werden muss, wird diesen Bedürfnissen nicht ausreichend oder gar nicht Rechnung getragen. Viele Betroffene erleben das als persönliche Zurückweisung, Entwertung ihrer Arbeit oder Verunsicherung: »Mache ich es richtig oder bin ich falsch, weil mich niemand lobt?« Je stärker die Selbstzweifel sind und je größer die innere Orientierungslosigkeit ist, umso stärker ist das Kränkungspotenzial einer solchen Arbeitssituation. Versucht dann noch ein Kollege oder eine Kollegin, sich auf Kosten der anderen ins rechte Licht zu setzen, kann das zu einem großen Konflikt führen. Durch die frustrierende Situation verunsichert, gelingt es den Betroffenen nicht, sich zu wehren und die eigene Position zu verteidigen. Ihnen bleibt nur der depressive Rückzug oder der Gegenangriff.

Solche Situationen finden wir sehr häufig im Gesundheitswesen, beispielsweise in Krankenhäusern. Der Konkurrenzdruck und die Hierarchisierung unter den Ärzten sind dort immens groß. Je höher ein Arzt auf der Karriereleiter steht, umso größer ist seine Vormachtstellung, die sich auch darin äußert, andere herunterzuputzen und deren Arbeitsweise öffentlich anzugreifen und zu kritisieren. Lernt jemand eine bestimmte Behandlungstechnik bei dem einen Arzt, wird er vom anderen dafür kritisiert, weil es doch ganz anders gemacht werden muss. Bei dem Stress, der im Krankenhaus herrscht, speziell auch im Operationssaal, stehen alle Beteiligten unter großem Druck, was dazu führt, wenig Rücksicht auf den anderen zu nehmen, geschweige denn Lob zu verteilen. Vor allem für jene, die in der Hierarchie am unteren Rand stehen wie Studenten, Auszubildende, Berufsanfänger und Assistenzärzte, kann eine solche Situation äußerst verunsichernd und entwertend sein. Oft fühlen sie sich zu Befehlsempfängern degradiert, wobei sie nie sicher sein können, ob nicht gleich jemand kommt, der sie kritisiert oder ihnen die Arbeit aus der Hand nimmt. Für einen unsicheren Menschen ist das eine Qual, da er mehr als andere auf klare Handlungsrichtlinien angewiesen ist, um ein Maß für die eigene Leistung zu haben und beurteilen zu können, ob sie gut und angemessen ist. Ein Arbeitsalltag, der auf Unsicherheit und geringer Belohnung aufgebaut ist, fördert nicht die Eigenverantwortung und Selbstsicherheit, sondern Ängstlichkeit, Anpassungsneigung und Konkurrenzdruck.

Allerdings kann das Gegenteil, nämlich die Vermeidung von Konkurrenz und die Ablehnung von Vorteilen, für den Einzelnen ebenso negative Konsequenzen haben wie ein zu starkes Konkurrenzdenken. Personen, für die das zutrifft, werden dann weniger Aufstiegschancen nutzen, am Ende leer ausgehen und sich häufig ausgebootet und zurückgesetzt fühlen.

Erfolg schafft Neider

Die Vermeidung von Konkurrenz wurde einer Patientin von mir zum persönlichen Nachteil. Sie erlaubte sich nicht, eine gute Beziehung zu ihrem Chef aufzubauen, da sie befürchtete, einerseits aufdringlich zu wirken, andererseits den Neid der Kollegen, vor allem der Kolleginnen, zu provozieren. Die Folge war, dass sie sich zurückzog und den Vorwurf erntete, sie sei abweisend. Dementsprechend negativ fiel die Beurteilung durch ihren Chef aus, was sie kränkte, da sie ihre Arbeit gut gemacht hatte. Statt befürchteten Neid erntete sie nun reale Ablehnung und Kritik.

In vielen Betrieben finden wir Kränkungskonflikte aufgrund von Neid zwischen den Mitarbeitern. Entweder weil es anderen besser zu gehen scheint, sie es leichter haben, protegiert werden oder weil sie eine höhere Stellung innehaben, die mit mehr Macht, Einfluss und Einkommen verbunden ist. Neid führt in der Regel zu Misstrauen, Rachegedanken, emotionaler Distanz und Abwertung der Erfolgreichen. Die neidischen Personen richten ihren Schmerz, ihre Unterlegenheitsgefühle oder ihre Missgunst aggressiv gegen die Beneideten oder sprechen hinter deren Rücken schlecht über sie. Nicht selten wird beispielsweise Frauen unterstellt, mit dem Chef geschlafen oder sich anderweitig Privilegien erschlichen zu haben. Auf diese Weise wirkt Neid schädlich und kann sogar eine Bedrohung bedeuten, wenn Neid zur Quelle von Verleumdungen wird.

Sowohl im Beruf als auch in privaten sozialen Beziehungen fehlt uns eine »Neidkultur«. Wir sprechen nicht über unseren Neid, weil wir uns schämen, solche Gefühle überhaupt zu haben. Stattdessen gehen wir darüber hinweg, verleugnen ihn, aber in uns bleibt der Groll, das Gefühl, weniger wert zu sein, der Schmerz, die Selbstkritik oder sogar der Selbsthass. Je mehr wir andere beneiden, umso kleiner und unwürdiger erleben wir uns.

Dabei ist Neid etwas ganz Menschliches und weist uns auf Defizite und unerfüllte Bedürfnisse und Sehnsüchte unsererseits hin. Wenn Sie also Ihren Neidgefühlen auf jene Kollegen oder Vorgesetzte nachspüren, die mehr Einfluss und Macht haben, entdecken Sie möglicherweise Wünsche, die Sie sich selbst bisher verboten haben. Zum Beispiel den Wunsch, im Mittelpunkt zu stehen, bewundert zu werden oder anderen zu sagen, wo es langgeht. Wagen sich dann andere vor, tun diese also das, was Sie gerne tun würden, reagieren Sie neidisch. Die Erfüllung dieses Begehrens hat jedoch auch Schattenseiten, denn erstaunlicherweise ist Erfolg oft mit Scham und Angst verbunden. Wenn Sie erfolgreich sind und eine Führungsfunktion ausüben, stehen Sie mehr im Rampenlicht und werden damit auch angreifbarer. Im Schutz der Mittelmäßigkeit oder der Minderwertigkeit sind Sie sicherer.

Neid reduziert sich, wenn Sie sich trauen, darüber zu sprechen. Im Beruf ist das sicherlich etwas prekär, da Sie nicht sicher sein können, ob die anderen wirkliches Interesse für Ihre Gefühle und Probleme aufbringen. Sie zeigen sich von einer verletzlichen Seite, die möglicherweise ein anderes Mal gegen Sie ausgelegt werden könnte. Deshalb ist es besser, wenn Sie Ihre Neidgefühle nur den Menschen gegenüber offenbaren, denen Sie vertrauen. Wenn Sie in der Arbeitsstelle niemanden haben, suchen Sie sich außerhalb eine Freundin, einen Freund oder einen Coach, eine Therapeutin oder einen Therapeuten.

Eine zweite Möglichkeit, mit Neid umzugehen, besteht darin, ihn ernst zu nehmen und aus ihm zu lernen. Statt die Frustration gegen andere zu richten, fragen Sie sich, was Ihrem Leben fehlt und wie Sie das in Ihr Leben integrieren können. Dann müssen Sie sich weder in die Minderwertigkeit zurückziehen noch andere für ihren Erfolg abwerten.

Kritik – Kränkung oder Feedback

Kritik im Sinne einer negativen Beurteilung unserer Person, unserer Fähigkeiten und unserer Leistungen besitzt ein hohes Kränkungspotenzial, da aufgezeigte Fehler und Unzulänglichkeiten unser Selbstwertgefühl beeinträchtigen. Kritik macht uns deutlich, dass wir nicht perfekt und fehlerlos sind, eine Tatsache, die wir wie einen Angriff auf unser ideales Selbstbild erleben.

Häufig ist die erste Reaktion des Kritisierten ein Schreck, dass er wohl etwas falsch gemacht hat oder dem anderen etwas an ihm missfällt. Das allein ist aber noch keine Kränkungsreaktion. Diese setzt erst dann ein, wenn er sich entwertet und abgelehnt fühlt.

Für das Ausmaß der Kränkung ist ein wichtiges Kriterium die Frage, wie sicher der Kritisierte sich und seinen Handlungen gegenüber ist, die kritisiert werden. Je unsicherer die Selbsteinschätzung eines Menschen ist und je mehr er sich und das, was er tut, infrage stellt, umso größer ist die Gefahr, dass er Kritik als Kränkung erlebt.

Auch wenn Kritik immer die Selbsteinschätzung berührt, muss sie dennoch nicht zwangsläufig eine Kränkung beim Kritisierten auslösen. Denn ebenso wie mit verbalen Angriffen können Sie auch mit Kritik umgehen. Bevor Sie jede Kritik »schlucken«, sollten Sie diese auf ihren Gehalt und ihre Rechtmäßigkeit hin prüfen. Ist eine Kritik nach Ihrer Einschätzung nicht angemessen, weisen Sie sie selbstbewusst und ohne Aggression zurück. Statt sich verletzt und gedemütigt zurückzuziehen und sich für schlecht und dumm zu halten, können Sie Ihre Leistung weiterhin anerkennen und versuchen, die Kontroverse durch Richtigstellung oder Gegenargumente zu lösen. Vor allem sollten Sie verhindern, dass Sie sich durch eine Kritik vollständig abwerten. Das, was gut an Ihnen und Ihrer Leistung ist, das, was Sie können, bleibt trotz Kritik erhalten. Kritik bezieht sich immer nur auf einen Teil Ihrer Arbeit oder Ihres Verhaltens.

Diese Art des Umgangs mit Kritik ist sicherlich nicht einfach zu lernen, da die Scham, versagt zu haben, und die Angst, in den Augen des anderen für schlecht, dumm oder inkompetent gehalten zu werden, in vielen Menschen tief sitzt. Haben Sie daher Verständnis für diese Gefühle, lehnen Sie sich dafür nicht ab, sondern geben Sie sich aktiv Zuspruch. So, wie es eine gute Mutter tun würde, wenn ihr Kind zerknirscht nach Hause kommt, weil es eine schlechte Note bekommen hat oder gerügt wurde. Je mehr Unterstützung Sie sich selbst geben, umso schneller werden Sie Ihr inneres Gleichgewicht wiederfinden.

Und bedenken Sie, dass Sie aus jeder Kritik etwas für sich lernen können, wenn Sie sich durch sie nicht abwerten, sondern gut hinhören und nachforschen, ob etwas an der Rückmeldung »dran ist«. Weil Kritik für Sie unangenehm und schwer auszuhalten ist, weisen Sie sie eventuell als unangemessen zurück. Schade, denn auf diese Weise entgeht Ihnen vielleicht eine wichtige Information.

Probleme im Beruf entstehen häufig dadurch, dass Mitarbeiter sich von Chefs oder Kollegen ungerechtfertigt kritisiert fühlen. Obwohl sie in ihren Augen gute Arbeit leisten, wird diese entweder nicht gewürdigt oder schlechtgemacht. Wenn es den Betroffenen nicht gelingt, sich Gehör zu verschaffen und ihre Arbeitsleistung zu verteidigen, haben sie einen schlechten Stand, besonders dann, wenn es häufiger vorkommt. Denn mit der Zeit wird ihr Selbstwertgefühl immer geringer, da die ständige Kritik ihr Selbstvertrauen untergräbt.

Was könnte hinter einer ungerechtfertigten Kritik durch Kollegen stecken? Möglicherweise eine Rivalität zwischen ihnen. Die unrechtmäßige Kritik soll den beneideten Kollegen schwächen und schlechter dastehen lassen – mit dem Ziel, mehr Anerkennung für sich selbst zu bekommen.

Besteht das Problem darin, dass ein Untergebener sich durch den Chef ungerechtfertigt kritisiert fühlt, könnte das auf einen Beziehungskonflikt hinweisen.

Eine ungerechtfertigte Kritik basiert häufig auf dem Mechanismus von Projektionen. Das, was jemand an sich selbst ablehnt, unterstellt er dem anderen und bekämpft es bei diesem. Neigt der Chef dazu, unangenehme Dinge vor sich herzuschieben und sie erst im letzten Moment zu erledigen, wird er vermutlich auf schnelle und »plötzliche« Erledigung der Arbeiten bestehen. Braucht der Angestellte aber länger, aus welchen Gründen auch immer, wird der Chef ungeduldig und ärgerlich. Er reagiert in diesem Moment hauptsächlich auf die Verzögerung und weniger auf die Qualität der Arbeit. Durch die Projektion wird seine eigene Schwäche zur Schwäche des Angestellten. Die Kritik hat dann weniger mit der Leistung oder den Fehlern des anderen zu tun als vielmehr mit der eigenen unreflektierten Unzulänglichkeit.

Im Fall von ungerechtfertigter Kritik rate ich der betroffenen Person, eine Beratung oder ein Coaching aufzusuchen, um die spezielle Dynamik zwischen sich und dem Vorgesetzten oder Kollegen aufzuschlüsseln. Zum einen können Sie dann erkennen, welche Motivation hinter dem Verhalten des anderen steht, zum anderen aber auch eigene Anteile an dem Konflikt aufdecken. Nur diese können Sie selbst verändern und dadurch neue Handlungsstrategien entwickeln.

Eine andere Möglichkeit, mit dem Konflikt umzugehen, besteht darin, mit dem Chef oder Kollegen zu sprechen und ihm klarzumachen, wie Sie seine ständige ungerechtfertigte Kritik erleben. Das gelingt natürlich nur, wenn der andere auch dazu bereit ist, doch einen Versuch ist es allemal wert. Nicht selten sind Vorgesetzte und Kollegen über eine direkte Aussprache dankbar.

Der Leiter der Auslieferungsabteilung drängte den Mitarbeiter in der Verwaltung, Papiere und Unterlagen für eine bestimmte Lieferung bereitzustellen, und setzte ihm sogar einen Termin, bis wann er sie haben müsse. Da das Bearbeiten der Unterlagen sehr zeitintensiv war, erledigte der Verwaltungsangestellte sie unter großem Druck und ließ dafür sogar anderes Wichtige liegen. Nachdem er Tage später sah, dass die Lieferung immer noch im Hause war, wurde er ärgerlich und beschwerte sich beim Leiter der Auslieferungsabteilung, dass er ihn unnötigerweise gedrängt habe. Durch dessen ausweichende Antwort fühlte er sich nicht ernst genommen und brach das Gespräch in ziemlicher Erregung ab. Tags darauf traf er den Leiter der Auslieferungsabteilung erneut und spürte eine große Distanz zwischen sich und ihm. Statt der erhofften Erklärung oder Entschuldigung für den Druck, den er gemacht hatte, ignorierte der Leiter der Auslieferungsabteilung den Verwaltungskollegen. Diesem kam nun der Gedanke, dass jener sich wohl durch seinen Ärgerausbruch gekränkt gefühlt hatte, und sprach ihn daraufhin an: »Es tut mir leid, wenn ich Sie gestern verletzt habe, aber ich war sehr ärgerlich, weil ich mich unnötig unter Druck gesetzt fühlte. Ich hoffe, dass wir uns das nächste Mal in einer ähnlichen Situation besser absprechen.« Das Eis war erst einmal gebrochen und dem Konflikt die Spitze genommen.

Bei der Beurteilung einer Kritik spielt auch das Verhältnis zum Kritisierenden eine wesentliche Rolle. Kann der Kritisierte vertrauen, dass er in der Kritik die Wahrheit hört, oder soll er vorsätzlich verletzt werden? Gewöhnlich reagieren wir umso gekränkter, je näher und wichtiger uns die kritisierende Person ist. Das hängt damit zusammen, dass wir die Aussagen von Menschen, die uns vertrauter sind, persönlicher nehmen als die von Fremden, weil wir davon ausgehen, von ihnen gut behandelt zu werden.[11] Arbeitsbeziehungen sind keine Freundschaften, sondern beruhen auf sachlichen Inhalten und ökonomischen Notwendigkeiten. Trotzdem erleben wir sie als intensiv, denn den Großteil des Tages teilen wir mit Kollegen und Vorgesetzten. Wir sind bei der Ausführung unserer Arbeit auf sie angewiesen, entweder inhaltlich oder materiell, und das bindet. Deshalb müssen wir davon ausgehen, dass eine Kritik an unseren Kollegen, Untergebenen oder Vorgesetzten eine starke Kränkungsreaktion auslösen kann. Doch die Frage, ob die Kritik zum Wohl der betreffenden Person ausgesprochen wird oder um ihr zu schaden, ist im Arbeitsleben schwerer zu entscheiden als unter Freunden, denen man eine positive Motivation unterstellt. Diese Unsicherheit macht uns empfindlicher und daher für Kränkungen sensibler.

Versuchen Sie daher bei jeder Kritik, die Sie zum Wohle des anderen und der gemeinsamen Arbeitsleistung aussprechen, eine gute Basis zwischen sich und dem Kritisierten herzustellen. Das geschieht beispielsweise dadurch, dass Sie zuerst positive Dinge voranstellen und Ihr Gegenüber für Dinge loben, die Ihnen gut gefallen. Damit stärken Sie das Selbstwertgefühl des anderen und er kann die Kritik hinterher leichter und kränkungsfreier annehmen. Das gelingt jedoch nur dann, wenn Sie es auch ernst meinen, sonst »riecht der andere den Braten« und wartet nur auf das »Aber!«.

Eine weitere positive Kritik-Strategie: Kleiden Sie das,

was Sie stört, in eine Bitte. Wenn Sie Ihren Wunsch in ruhigem, freundlichem Ton vorbringen, machen Sie es dem anderen eher möglich, Sie anzuhören.[12] Ohne zu werten teilen Sie mit, was Ihnen auffällt und was Sie anders haben möchten.

»Mir fällt auf, dass Sie Umläufe immer sehr lange auf Ihrem Schreibtisch liegen haben, obwohl etwas Wichtiges dabei sein kann, das schnell weitergegeben werden muss. Bitte erledigen Sie die Umläufe schneller, um keinen Stau zu verursachen. Danke.«

Auf diese Weise wird Kritik zum Feedback und aus dem Problem kein Drama. Zudem bleibt die kritisierte Person nicht in Unsicherheit, sondern weiß, worum es geht, und kann ihr Verhalten gezielt ausrichten.

Unsere Reaktionen auf Kritik hängen auch von den Umständen ab, unter denen sie ausgesprochen wird. Wir erleben möglicherweise weniger Kränkung, wenn wir ausdrücklich um kritische Rückmeldungen bitten, als wenn wir ohne Ankündigung kritisiert werden. Je nachdem, in welchem Tonfall, mit welchen Worten und mit welcher Absicht jemand kritisiert, werden wir mehr oder weniger gekränkt reagieren. Zusammenfassend einige Kriterien, die einer Kränkung durch Kritik den Boden bereiten:

- Wenn wir eine direkte oder unterschwellige Abwertung in der Kritik heraushören.
- Wenn wir unsicher über die Motive des Kritisierenden sind.
- Wenn wir vor Dritten kritisiert werden.
- Wenn wir uns pauschal schlecht bewertet fühlen im Sinne von »Das begreifst du nie«, »Das machst du ganz falsch«.
- Wenn die Kritik uns als ganze Person trifft und uns zum Idioten abstempelt.
- Wenn Kritik uns an einem wunden Punkt trifft.

- Wenn der andere uns die Lösung präsentiert und uns damit vermittelt, er wisse es besser.[13]
- Wenn wir beim anderen mehr Ungeduld als Wohlwollen spüren.
- Wenn es uns besonders wichtig ist, hier und bei diesen Menschen gut zu sein.
- Wenn die Absicht der Kritik ist, uns abzuwerten oder schlechtzumachen.

In diesen Fällen kann Kritik noch so schön verpackt sein, sie führt mit großer Wahrscheinlichkeit zu einer Kränkungsreaktion. Je geringer das Selbstwertgefühl ist, desto stärker wird die Person gekränkt auf Kritik reagieren und Mühe haben, ihre positiven Seiten anzuerkennen. Ist die narzisstische Beeinträchtigung sehr groß, kann es durch Kritik zu einer vollständigen Selbstentwertung kommen, bei der die Person nur noch das Negative an sich wahrnimmt. Alles, was sie kann, was sie bisher erfolgreich geleistet hat, ist wie aus dem Gedächtnis gelöscht, nicht mehr existent und dem bewussten Erleben nicht mehr zugänglich. Das Idealbild ist durch die Kritik zusammengebrochen und es folgt der Absturz in das Gefühl der Minderwertigkeit, das mitunter bis zur existenziellen Nichtigkeit reicht. Im Zusammenhang mit dem »weiblichen Narzissmus« habe ich diesen Mechanismus ausführlich dargestellt.

Das folgende Beispiel zeigt, wie Unachtsamkeit und Führungsunfähigkeit andere Menschen unnötig kränken können, wenn diese sensibel auf Kritik reagieren.

Sylvia Grün erzählt, dass sie sich in ihrer Dienststelle zunehmend unwohl fühlt, da sie ständig befürchtet, von ihrem Chef »blöd angeredet« zu werden, wie sie es ausdrückt. Sie hat den Eindruck, dass er ihre Arbeit nur dann gelten lässt, wenn sie seine Meinung vertritt, und nicht, wenn sie eigene Einfälle entwickelt und sich kritisch mit einem Thema auseinandersetzt. Obwohl er die letzte Entscheidungsbefugnis besitzt, ist sie doch im Wesentlichen für die inhaltliche Ausarbeitung von Konzepten verantwortlich, die sich auf die Therapie und Unterbringung psychisch Kranker beziehen.

Statt mit ihr über die Inhalte zu diskutieren, verunsichert er sie mit ironischen oder flapsig abwertenden Bemerkungen, die sich nicht auf die Sache beziehen. Damit nimmt er ihr den Wind aus den Segeln und lässt sie ins Leere laufen. Dass ihr Chef auch mit anderen Mitarbeitern auf dieselbe Weise umgeht, weiß sie und hat sie schon oft miterlebt. Trotzdem fühlt sie sich persönlich angegriffen und nicht ernst genommen. Die abwertende und entwürdigende Art des Chefs führt zu einer Selbstwertschwächung bei ihr. Da ihr die Arbeit Spaß macht und sie keinen Impuls hat, den Arbeitsplatz zum jetzigen Zeitpunkt zu wechseln, muss sie lernen, mit dieser Eigenheit des Chefs zurechtzukommen und ihre Meinung zu behaupten.

Was ihr dabei im Wege steht, wurde im Laufe der supervisorischen Arbeit deutlich. Es ist die Überzeugung: Wenn ich nicht perfekt bin, bin ich schlecht. Und perfekt wäre sie, wenn der Chef ihre Meinung nicht infrage stellen, sondern ihr zustimmen würde. Sie leidet unter dem Eindruck, nicht gut genug zu sein, und das versucht sie zu kompensieren, indem sie alles richtig macht. Dieses Konzept muss scheitern, da es zum Ziel hat, Konflikte auszuschalten oder überhaupt zu vermeiden. Statt Konflikte zu lösen, versucht sie, diese zu verhindern. Damit nimmt sie sich jede Möglichkeit, Unstimmigkeiten auszuhalten und einer Lösung zuzuführen. Ein Lernziel aus der Konfliktsituation mit ihrem Chef könnte lauten: Konflikte und Probleme sind zum Lösen und nicht zum Vermeiden da.

Wenn Sie lernen, einerseits Kritik konstruktiv mitzuteilen und andererseits erhaltene Kritik für sich nutzbringend anzunehmen, gibt es weniger Anlässe für Kränkung durch Kritik.

Arbeitsstrukturen mit Kränkungspotenzial

Das Kränkungspotenzial im Berufsalltag hängt nicht nur von persönlichen Faktoren wie hoher Kränkbarkeit, instabilem Selbstwertgefühl oder mangelnder Konfliktfähigkeit ab, sondern auch von organisatorischen Gegebenheiten, in denen die Arbeit stattfindet. Berkel beschreibt neun wesentliche Konfliktpunkte in Abhängigkeit vom Organisationsklima:[14] Arbeitsablauf, Abhängigkeit, Arbeitsklima, Leistungsmotivation, Zusammenarbeit, Anreize, Innovation, Hierarchie und Kontrolle. Diese Bereiche sollen auf ihr Kränkungspotenzial hin betrachtet werden.

Arbeitsablauf und Abhängigkeit

Der Arbeitsablauf wird beschrieben auf einer Skala von planlos, durcheinander und mehrdeutig bis hin zu bürokratisch, reglementiert und vereinheitlicht.

Ein planloser Arbeitsablauf kann zu Missverständnissen und Unstimmigkeiten führen, wenn die eine Hand nicht weiß, was die andere tut. Fehler und Kritik sind vorprogrammiert, wenn für die Mitarbeiter unklar ist, was sie wann und wie zu tun haben. Wird ihnen das dann als eigenes Verschulden zugeschrieben, werden sie das als Verletzung und Kränkung empfinden.

Ist der Arbeitsablauf dagegen sehr reglementiert, dann lässt er zu wenig Raum für eigene Gedanken und Verbesserungen, was für die Mitarbeiter eine Einschränkung ihrer Kreativität und Fähigkeiten bedeutet. Fühlen sie sich dadurch zu Ausführenden einer vorgegebenen Struktur degradiert, wird das ihre Motivation senken und ihren Trotz und ihre Arbeitsverweigerung erhöhen. Womöglich werden sie es sogar als persönliche Beleidigung auffassen, eine solche Arbeit ausführen zu müssen.

Das gilt in gewissem Sinne auch für die Dimension Abhängigkeit. Wer gewohnt ist, selbstständig zu arbeiten, für den bedeutet Abhängigkeit Machtlosigkeit und Einschränkung von Entscheidungskompetenzen. Neben Frustration, Lustlosigkeit und vermindertem Engagement kann es auch zum Gefühl persönlicher Entwertung kommen. »Traut man mir etwa nicht mehr zu?«

Arbeitsklima

Das Arbeitsklima hat eine große Bedeutung für die Arbeitszufriedenheit von Angestellten. Viele Studien[15] belegen das schlechte Betriebsklima als eine der häufigsten Ursachen für Mobbing. Verständlich, denn wenn zwischen den Mitarbeitern eine schlechte, unkollegiale, von Neid und Missgunst geprägte Atmosphäre herrscht, kommt es schnell zu Kränkungen und gegenseitigen Verletzungen. Typisch für ein schlechtes Arbeitsklima sind Misstrauen, Kälte, Ablehnung, Distanz, Rückzug, einseitige Kommunikation und mangelnde soziale Unterstützung.

Von der Führungsebene und den Mitarbeitern ist daher zu fordern, für ein vertrauensvolles Miteinander zu sorgen. Damit ist ein Klima gemeint, in dem anderen Achtung entgegengebracht wird, Fehler offengelegt werden können, ohne gleich Sanktionen befürchten zu müssen, und die Meinung der Untergebenen genauso respektiert wird wie die der Vorgesetzten. Zu einem guten Arbeitsklima gehört auch die Unterbindung von unfairen Umgangsformen, Unterstellungen und entwertenden Nachreden sowie von groben Ungerechtigkeiten. Wenn Mitarbeiter erfahren, dass die Bitte um Hilfe kein Eingeständnis von Unvermögen, sondern eine notwendige Verantwortung bedeutet, werden sie mehr Vertrauen in die Zusammenarbeit haben und Nutzen aus der Kooperation ziehen. Das wiederum schafft Nähe und Offenheit.

Doch ein gutes Arbeitsklima wird Kränkungen nicht völlig ausschließen können, denn auch dort kann es Missverständnisse, Zurückweisungen und Kritik geben. Aber es ermöglicht eine kränkungsfreie Zusammenarbeit und bietet eine Kommunikationsstruktur, in der Konflikte nicht unter den Tisch gekehrt werden, sondern angesprochen und daher leichter gelöst werden können.

Leistungsmotivation / Arbeitsverweigerung

Eine weit verbreitete Reaktion auf Kränkungen im Arbeitsbereich ist die Arbeitsverweigerung. Der Trotz, der einen großen Anteil der Kränkungsreaktion ausmacht, zeigt sich darin, dass Mitarbeiter oder auch Vorgesetzte ihre Leistungsbereitschaft einstellen oder auf ein Mindestmaß herabsetzen. Sie machen »Dienst nach Vorschrift« und keinen Schlag mehr. Ihnen kann niemand direkt etwas vorwerfen und trotzdem arbeiten sie nicht in demselben Umfang und mit derselben Motivation wie sonst. Sie verweigern Eigenverantwortlichkeit und Mitdenken und schaden dadurch sowohl den Kollegen als auch den Vorgesetzten und Kunden.

Frau Meier war seit der Gründung in einer PR-Agentur beschäftigt und hatte während der Aufbauphase eine Reihe von Arbeiten übernommen, die eigentlich nicht in ihren Arbeitsbereich fielen. Sie war zuständig für den Personalbereich, wurde aber auch als Sekretärin eingesetzt. »Ich kann ja auch die Briefe schreiben und abschicken, solange noch keine spezielle Kraft dafür im Haus ist«, dachte sie. Zugleich hoffte sie, durch ihr Engagement ihre Position zu festigen, erlebte aber eine enttäuschende Niederlage, als nach einiger Zeit ein Verwaltungsleiter eingestellt wurde, der die Personalarbeit übernahm. Sie fühlte sich dadurch zur Sekretärin degradiert, wofür sie jedoch nicht eingestellt war und was sie auch nicht tun wollte. Dennoch gelang es ihr nicht, ihren alten Arbeitsbereich wieder zurückzuerobern, woraufhin sie dermaßen beleidigt und gekränkt reagierte, dass sie die Zusammenarbeit mit und die Zuarbeit für den Chef boykottierte. Diese Verweigerung quittierte er damit, dass er sie immer weniger in die Arbeitsabläufe einweihte, sie nicht als wertvolle Mitarbeiterin anerkannte und ihr Informationen zu spät oder überhaupt nicht mehr gab. Sie wurde immer unzufriedener und »hungerte« allmählich aus. Es paarten sich in diesem Konflikt die grundlegende Kränkung und Arbeitsverweigerung der Mitarbeiterin mit den ausgrenzenden Manövern des Chefs. Gesprächsversuche mit diesem Chef scheiterten ebenso wie Vorstellungen bei dem obersten Vorgesetzten. Die Mitarbeiterin fühlte sich gemobbt und kündigte nach einigen Jahren. Was bei der Beratung von Frau Meier auffiel, war ihre Weigerung, ihren Anteil zu sehen und sich damit auseinanderzusetzen. Sie reagierte stattdessen hauptsächlich mit einer Zementierung ihrer Opferposition und mit Vorwürfen an den Chef, der an allem schuld sei. Dass ihre Arbeitsverweigerung eine Form der Rache war und damit der Konflikt zusätzlich eskalierte, kam ihr gar nicht in den Sinn.

Die Leistungsmotivation der Mitarbeiter hängt sehr stark vom Arbeitsklima und den Arbeitsbeziehungen ab und ist das Resultat guter Führung und hoher Identifikation der Mitarbeiter mit der Firma, der so genannten Corporate Identity. Je mehr sich Chefs und Untergebene mit den Zielen, Inhalten und der Philosophie eines Unternehmens identifizieren können, umso höher ist auch ihre Motivation, erfolgreich zu sein.

Zusammenarbeit und Anreize

Eine konfliktreiche Zusammenarbeit ist gekennzeichnet durch Spannungen, Cliquenbildung, Konkurrenz und Konfrontation. Verstärkt wird sie zusätzlich durch wenig Belohnung und Lob sowie unfaire und ungerechte Behandlung. Gekränkte Personen leiden besonders stark unter dem Gefühl, ungerecht behandelt zu werden. Viele lassen deshalb von ihrem Konflikt nicht ab, nur weil sie hoffen, doch noch zu ihrem Recht zu kommen, als sei es ein einklagbares Gut. Recht zu bekommen ist dabei wichtiger, als den Konflikt zu lösen, was aber dazu führen kann, dass sie sich immer mehr verstricken und am Ende die »Dummen« sind.

In einem solchen Fall fragte ich meinen Klienten, was ihn denn motiviere, einen so hohen Preis zu zahlen, nur um zu hören, dass er Recht habe. Er erzählte, dass er als kleiner Junge immer darunter litt, für Dinge bestraft zu werden, die er gar nicht getan hatte, nur weil er der Älteste unter den Geschwistern war und daher die Zielscheibe für Schläge. Bald litt er mehr unter dem Unrecht, das ihm widerfuhr, als unter den Schlägen und den Schmerzen. Er entschloss sich damals, ein Leben lang für sein Recht zu kämpfen, koste es, was es wolle. Dahinter verbarg sich der tiefe und bisher unbewusste Wunsch, die Eltern sollten nur ein Mal zugeben, dass sie ihn ungerecht behandelt hatten. Das allein hätte ihm gereicht, um versöhnlicher zu werden.

»Ich werde nur zufrieden sein, wenn du mir in der Vergangenheit Recht gegeben haben wirst«, lautet ein paradoxer Satz des amerikanischen Gestalttherapeuten Irvin

D. Yalom, mit dem er diesen Wunsch charakterisiert. Er ist ernst zu nehmen, doch in der Regel nicht erfüllbar, weil die betroffenen Personen, in diesem Fall die Eltern, entweder nicht mehr leben, sich nicht erinnern, die Situation von damals anders einschätzen oder ihre Schuld nicht zugeben wollen. Doch wenn ihm klar wird, dass sein Wunsch eigentlich an die Eltern gerichtet ist, dann hat er die Möglichkeit, seinen Kampf um Gerechtigkeit im Berufsleben zu beenden, weil er hier die Erfüllung nicht finden wird, die er sucht. Die kann er nur in sich finden, indem er Frieden mit den Eltern schließt.

Kommen wir nun zu den Arbeitsanreizen. Zu den effektivsten Anreizen, um Leistungen und Arbeitszufriedenheit zu steigern, gehören Belohnung, Lob und Anerkennung. Und diese nicht nur von oben nach unten, sondern auch auf gleicher Ebene und von unten nach oben. Aus der Lerntheorie ist bekannt, dass Verhalten vor allem durch Belohnungen verstärkt wird und stabil bleibt. Trotzdem wird Lob im Alltag viel zu selten ausgesprochen. Das hat sicherlich viele Gründe. Zum einen scheint immer noch die überholte Meinung zu herrschen, dass gute Leistungen selbstverständlich sind und man nur reagieren muss, wenn Fehler auftreten. Zudem ist es manchen Menschen peinlich, zu loben oder Lob anzunehmen. Wie oft wird eine Anerkennung nur im Vorbeigehen ausgesprochen oder falsch formuliert. Ich erinnere mich an eine Kollegin, die ihrem neu eingestellten Kollegen sagen wollte, dass sie seine Arbeit sehr gut fand. Sie schrieb auf einen Zettel: »Das hast du ganz gut gemacht.« Es klang jedoch nur nach: Na ja, war nicht schlecht. Andererseits werden positive Rückmeldungen durch Einwände oft abgeschwächt nach dem Motto; »Ich hab halt Glück gehabt«, »War ja ganz einfach« oder »Das ging mir ganz leicht von der Hand«. Statt zu danken und das Lob bei sich zu behalten.

Innovationen

Das innovative Potenzial eines Betriebes hängt vor allem von der Toleranz und Flexibilität der Führung ab. Die Bereitschaft zu Veränderungen ist umso höher, je mehr die Mitarbeiter zu Neuerungen motiviert werden. Kränkend kann es sein, wenn die Kreativität und Veränderungsbereitschaft der Mitarbeiter durch starres Sicherheitsdenken der Leitung behindert werden. Wohin mit der Motivation und den innovativen Ideen, wenn sie für die Verbesserung des Arbeitsablaufs oder des Klimas im Betrieb dringend nötig wären? Je weniger sich die Mitarbeiter einsetzen können, umso geringer wird sich ihre Leistungsmotivation entwickeln.

Andererseits kann es zu Beziehungsproblemen unter den Kollegen und den Vorgesetzten kommen, wenn jemand, besonders wenn er neu in der Firma ist, die anderen sogleich mit Neuerungen und Veränderungsvorstellungen konfrontiert. So gut er es auch meint, die anderen werden sich verschließen und vermutlich gekränkt reagieren, denn durch die Ideen des Neuen wird das Altbewährte abgewertet. Sie bekommen das Gefühl, bisher alles falsch gemacht zu haben, und fühlen sie dadurch abgelehnt.

In einem Team, das straffällig gewordene Menschen betreut, schied eine langjährige Kollegin aus. Die neue junge Kollegin hatte einen schweren Stand, bevor sie überhaupt anfing, denn das Team trauerte noch um die alte Mitarbeiterin und hatte keinen Einfluss auf die Auswahl der Bewerberinnen. Die Chefin alleine bestimmte die Nachfolgerin. Somit waren die Teammitglieder schon von vornherein enttäuscht. Sie fühlten sich daher umso verletzter, als die Neue mit viel Engagement ihre Arbeit begann und statt sich an dem Alten zu orientieren, ihre eigenen Ideen entwickelte und sehr schnell Veränderungsvorschläge einbrachte. Das löste große Angst und Abwehr unter den Kolleginnen aus, so dass sie schnell an den Rand des Teams geriet. Es gab so heftige Kontroversen, dass sie innerhalb eines halben Jahres die Zusammenarbeit aufkündigte und sich in eine andere Einrichtung versetzen ließ. Ihr Fehler war, dass sie versuchte, ein eingespieltes Team zu schnell zu verändern, ohne die bisherige Arbeit der Kolleginnen zu würdigen. Das Team wiederum hatte seinen Kummer über den Weggang der alten Kollegin und die Zurückweisung durch die Chefin unbewusst an der Neuen ausgelassen, so dass sie keine Chance hatte, akzeptiert zu werden.

Innovationen sind heute notwendiger denn je. Das bedeutet, dass Altbewährtes aufgegeben werden muss zu Gunsten von Neuerungen. Wird das mit Kränkungsreaktionen beantwortet, erschwert oder behindert es den Entwicklungsprozess. Mitarbeiter und Vorgesetzte müssen daher eine Kränkungskompetenz entwickeln, die darin besteht, das Alte zu würdigen und das Neue anzunehmen, ohne sich persönlich entwertet zu fühlen. Die Würdigung muss von beiden Seiten geleistet werden, von den Neuerern wie den Bewahrern gleichermaßen. Dasselbe gilt auch für den Fall, dass der Betrieb vom bisherigen Leiter auf einen jüngeren Angehörigen der Familie übergeht. Das Kränkungspotenzial ist hoch, wenn dieser alles anders machen will, ohne zu berücksichtigen, dass das Alte sich bisher bewährt hat. Der alte Chef könnte das als Entwertung seines Lebenswerks auffassen.

Hierarchie und Kontrolle

Hierarchische Beziehungen enthalten per se ein Kränkungspotenzial, da durch ihre Struktur ein Ungleichgewicht zwischen den Beteiligten entsteht. Hierarchien vermitteln ein Gefühl von Oben und Unten, mit dem unterschiedliche Wertigkeiten verbunden sind. Wer höher in der Hierarchie steht, wird als wertvoller beurteilt und die weiter unten Stehenden leiden oft unter der Vorstellung, zu reinen Befehlsempfängern degradiert zu werden. Sie fühlen sich gekränkt durch die in Hierarchien immanente Entwertung der Unterlegenen.

»Die da oben« ist ein gängiger Ausdruck für jene in der Führungsetage, die das Sagen haben und die Macht besitzen. Mit diesem Ausdruck ist weniger Anerkennung verbunden als vielmehr ein versteckter Angriff: Die wissen doch gar nicht, wie es bei uns »hier unten« wirklich zugeht. Die streichen nur das große Geld ein und wir können die Drecksarbeit machen. Genau aus diesem Grund sind Gewerkschaften entstanden, welche die Rechte der Arbeitnehmer vertreten und Vorteile für sie aushandeln. Auf diese Weise wird versucht, das bestehende Ungleichgewicht und das Machtdefizit zumindest teilweise auszugleichen.

Je stärker ein Mensch die Ungleichheit durch hierarchische Strukturen internalisiert hat, umso mehr wird er unter ihnen leiden und sich durch sie gekränkt fühlen. Er wird sich entweder unterordnen oder sie bekämpfen. Im Kampf sieht er die Hoffnung, zu seinem Recht zu kommen, als gleichwertig betrachtet zu werden. Er wird diesen Kampf jedoch verlieren, vielleicht sogar seinen Arbeitsplatz, weil er als Mitarbeiter in einem hierarchischen System nicht mehr tragbar ist.

Hat ein Mensch beispielsweise eine starke Bevormundung und Unterwerfung unter die überhöhten Ansprüche seines Vaters erlebt, kann es sein, dass er sich ein Leben lang in untergeordneten Stellungen gedemütigt und machtlos fühlt. Im schlimmsten Fall wird er Autoritäten generell bekämpfen, einen Stellvertreterkrieg gegen den übermächtigen Vater führen, den Versuch unternehmen, ihn symbolisch zu entthronen, um seine eigene Position zu retten. Doch ein solcher Kampf ähnelt dem von Don Quichotte gegen die Windmühlenflügel. Er ist nicht zu gewinnen, denn Hierarchien sind Teil der Arbeitswelt.

Einem solchen Menschen könnte es helfen, seine unerledigte Beziehung zu seinem Vater und anderen Autoritäten, unter denen er gelitten hat, in einer Psychotherapie zu bearbeiten, seine Wut, Unterlegenheitsgefühle, Ohnmacht, Angst und den Schmerz zu spüren und auszudrücken. Statt am Selbstbild eines Gedemütigten festzuhalten, kann er auf die Suche nach seinen Stärken und Einflussmöglichkeiten gehen. Wenn er lernt, eine eigenständige Position zu beziehen, um seinem Vater ein adäquates Gegenüber zu werden, muss er ihn nicht mehr bekämpfen, denn er sorgt selbst für Gleichrangigkeit.

Auf diese Weise schafft er die Voraussetzung für einen neuen Blick auf hierarchische Strukturen, der uns allen gut täte. Denn Hierarchien sind keineswegs nur kränkend, demütigend und entwertend, sondern haben sowohl für den Arbeitsprozess als auch für die dort Tätigen Vorteile. Hierarchien geben eine Struktur vor, an der sich alle orientieren können, was Sicherheit vermittelt. Statt beispielsweise immer an allen Entscheidungen beteiligt sein und für alle Folgen Mitverantwortung tragen zu müssen, können diese Belastungen an die Führungskräfte delegiert werden, was Kraft für das Tagesgeschehen freisetzt.

Außerdem bieten Hierarchien Verhaltenssicherheit, sobald die Mitarbeiter ihren Platz darin gefunden haben. Dann wissen sie, welche Rechte und Pflichten sie besitzen, fühlen sich als Teil des Ganzen und mit den anderen verbunden. Diesen Bindungsaspekt von Hierarchien vergessen wir leicht. Doch fast alle zwischenmenschlichen Beziehungen sind »mehr oder weniger hierarchisch und schließen Bindung ein«.[16]

Japaner beispielsweise haben eine positive Einstellung zu Hierarchien, da diese für sie die Weiterführung der Mutter-Kind-Beziehung bedeuten, in der eine übergeordnete Person für eine andere sorgt. Das Kind ist nicht nur unterlegen, sondern hat auch Rechte. Und umgekehrt hat die führende Person, die Mutter, nicht nur das Recht, dem Kind Grenzen zu setzen, sondern auch die Verpflichtung, für das Kind zu sorgen. Diese positive Bewertung der hierarchischen Ordnung gründet in den Privilegien, die mit der Kindposition verbunden sind, und so verlieren Begriffe wie Abhängigkeit und Unterordnung ihre negative Bedeutung.

Ich selbst habe während meiner Tätigkeit in einer psychosomatischen Klinik beide Seiten erlebt, die der Untergebenen und der Vorgesetzten. Die Vor- und Nachteile einer jeden Position liegen auf der Hand: Je mehr Führungsgewalt ich bekam, umso mehr Verantwortung hatte ich zu tragen, umso mehr wichtige Entscheidungen musste ich alleine fällen, umso mehr musste ich andere unterstützen, statt selbst unterstützt zu werden. Dank der damaligen Struktur hatte ich den obersten Chef, sozusagen als letzte Instanz, über mir und zwei Kollegen neben mir, die wie ich im Führungsteam waren, auf die ich mich verlassen und denen ich mich anvertrauen konnte.

Je nachdem, wie eine Hierarchie von den Beteiligten wahrgenommen wird, eher als Unterlegenheit erzeugend oder mehr unterstützend, wird sich auch die betreffende Person definieren: als unterlegen und abhängig oder als wichtig in ihrer entsprechenden Position mit den jeweiligen Privilegien und Einschränkungen. Im ersteren Fall wird die Kränkungsbereitschaft sicherlich wesentlich höher sein, da diese Person sich von vornherein weniger wertvoll fühlt und auf diese Weise Signale von außen schneller als Entwürdigung interpretiert.

Aber auch flache Hierarchien, in denen alle alles mitbestimmen, wie es in alternativen Betrieben der Fall ist, sind nicht ohne Kränkungspotenzial. Denn aufgrund marktwirtschaftlicher Notwendigkeiten müssen auch sie eine ökonomische Entscheidungsstruktur aufbauen sowie Führungskräfte einsetzen, um sich nicht in Kompetenzstreitereien zu verrennen. Auch in diesen Betrieben stellt sich beispielsweise die Frage, ob alle das gleiche Gehalt bekommen sollen. Ist das wirklich gerecht oder kränkt das die, die mehr Verantwortung übernehmen? Trägt es zu mehr Zufriedenheit oder Unzufriedenheit bei? Sind Rivalität und Neid in alternativen Betrieben weniger wirksam? Ein geringeres Kränkungspotenzial besteht sicherlich hinsichtlich der Wertigkeit. Da die Meinung der Mitarbeiter nicht nur gewollt, sondern auch erforderlich ist, erleben sie sich bedeutungsvoller, was ihr Selbstwertgefühl stärkt. Das ist ein wesentlicher Faktor, der auch in hierarchischen Strukturen beachtet werden sollte.

Neueste Unternehmensstrukturen entwickeln sich immer mehr auf flache Hierarchien zu, die nach dem Prinzip von Netzwerken organisiert sind. Sie bewältigen die Anforderungen in Bezug auf Flexibilität, Schnelligkeit und Komplexität im Handeln sehr viel effizienter als stark hierarchisch strukturierte Unternehmen. Die Mitsprache des einzelnen Mitarbeiters ist ein wesentlicher Bestandteil dieser Organisationen, was die individuelle Wertigkeit des Einzelnen erhöht. Netzwerke stellen aber sowohl an die Führung als auch an die Mitarbeiter größere Anforderungen an deren soziale Kompetenz und Problemlösungsfähigkeiten, da die Arbeit in Netzwerken in höherem Maße eigenverantwortlich ist.

Die Rolle der Vorgesetzten

Folgende Verhaltensweisen von Vorgesetzten empfinden Mitarbeiter häufig als kränkend:
- Unzureichende Arbeitsaufträge
- Zu wenig Lob und Anerkennung
- Ungerechte Behandlung und ungerechte Kritik
- Unangemessener Tonfall, Wutausbrüche
- Nicht einschätzbares Verhalten, Launenhaftigkeit
- Keine oder zu wenig menschliche Unterstützung
- Verweigerung der Führung

Die meisten Punkte wurden in den vorherigen Kapiteln schon angesprochen, nicht jedoch die Weigerung, Führungsaufgaben zu übernehmen. Das bedeutet, dass der Vorgesetzte seine Rolle als Führungskraft nicht wahrnimmt und beispielsweise notwendige Entscheidungsprozesse an Mitarbeiter delegiert. Obwohl diese nicht die Position haben, müssen sie Führungsaufgaben übernehmen und kommen auf diese Weise in einen Rollenkonflikt, der teilweise eine erhebliche Stressbelastung darstellt.

Der Chef eines mittelgroßen Betriebs war ein Mann mit großer Fach- und Sachkompetenz und als solcher hoch angesehen. Er führte die Firma nach einem altbewährten Stil, den schon sein Vater als Gründer eingeführt hatte. Das bedeutete, kein unnötiges Risiko einzugehen, um Arbeitsplätze nicht zu gefährden, einen persönlichen Kontakt zu den Mitarbeitern zu pflegen, auf solide Arbeit Wert zu legen und nicht jede Neuerung einzuführen. Die Firma war finanziell gesichert und die Fluktuation der Angestellten gering. Was jedoch zu kurz kam, war die kritische Auseinandersetzung mit Mitarbeitern, wenn deren Arbeitsleistung nachließ oder sie Fehler machten. Es war, als hielte er seine schützende Hand über sie, delegierte aber unbewusst den Konflikt an einen seiner Abteilungsleiter, der dann die Aufgabe hatte, die Kollegen anzusprechen. Da dieser jedoch keine Sanktionsmöglichkeiten besaß, konnte er nicht effektiv agieren. Das machte ihn ärgerlich. Und es kränkte ihn, dass er von seinem Chef nicht unterstützt wurde. Er musste die undankbare Rolle übernehmen, die Mitarbeiter zu kritisieren, was ihn nicht beliebter machte. Der Chef dagegen konnte in der Rolle des »gütigen Vaters« weiterhin die Zuneigung der Arbeiterschaft genießen. Der Abteilungsleiter fand diese Haltung ungerecht, kam sich ausgenutzt und als Prügelknabe vor, stoppte jedoch die Delegation dieser Aufgabe nicht. Das führte zu einer Dauerspannung bei ihm, auf die er mit psychosomatischen Symptomen reagierte. Denn er hatte eine Aufgabe übernommen, für die er keinen offiziellen Auftrag hatte und die er auch nicht wirklich ausführen konnte, aber musste.

Kränkungen der Mitarbeiter können auch durch Launenhaftigkeit und uneinschätzbares Verhalten der Chefs ausgelöst werden, wenn sie die schlechte Laune der Vorgesetzten auf sich beziehen und glauben, schuld zu sein, obwohl es ein Problem des anderen ist. Sind sie noch dazu selbstunsicher, dann fühlen sie sich durch die Launen womöglich eingeschüchtert und versuchen, sich anzupassen, oder für gute Stimmung zu sorgen. Gelingt das nicht, reagieren sie eingeschnappt.

Auch der Mangel an Achtung für die Mitarbeiter und deren Leistung kann kränkend wirken, entweder weil sie wirklich nicht geachtet werden oder weil es so erscheint, als würden sie nicht geachtet. Unter Achtung versteht man ein wertschätzendes Verhalten, das die Würde und die Persönlichkeit des Einzelnen berücksichtigt und das nicht von Verurteilungen und Entwertungen geprägt ist. Achtung gehört zu einer kränkungsfreien Führung und ist Teil der Sozialkompetenz, die heute immer mehr gefragt ist.

Denn die Erfordernisse von modernen Arbeitsstrukturen stellen an die Führungskräfte erhöhte Anforderungen. Sie müssen nicht nur Sach- und Fachkompetenz, sondern auch soziale Kompetenz und Persönlichkeit besitzen.[17] Soziale Kompetenz umfasst sowohl den Umgang mit Mitarbeitern als auch die Fähigkeit, Konflikte zu lösen.

Beim Umgang mit Mitarbeitern ist es wichtig, die Arbeitsprozesse, Entscheidungsschritte und Informationen auf die Aufnahmefähigkeit der Mitarbeiter abzustimmen. Häufig fühlen sich Mitarbeiter gekränkt, wenn sie nicht durchschauen können, warum welche Entscheidungen getroffen wurden, oder wenn sie Informationen zu spät oder gar nicht erhalten. Sie fühlen sich dadurch entwertet und ohne Einfluss und Mitsprache. Auf diesen Punkt gehe ich im dritten Teil noch einmal näher ein.

Zur sozialen Kompetenz gehören außerdem:

- Die Berücksichtigung der individuellen Arbeitnehmerbedürfnisse in Abhängigkeit von deren spezieller Lebens- und Arbeitssituation. Wünsche in Bezug auf Teilzeittätigkeit beispielsweise haben für eine Alleinerziehende eine hohe Bedeutung, für den jungen Karrieristen dagegen steht das Bedürfnis nach Aufstiegschancen und Eigenverantwortlichkeit im Vordergrund. Ältere Mitarbeiter wünschen sich eine Vorruhestandslösung, Frauen nach der Phase der Kindererziehung eine Vollbeschäftigung. »Nur im persönlichen Dialog mit dem einzelnen Mitarbeiter selbst kann man herausfinden, wie die individuellen Erwartungen strukturiert sind, was für Einstellungen vorhanden sind und welche Konsequenzen sich daraus für den Arbeitseinsatz ergeben.«[18]
- Der Aufbau von Vertrauen ist Voraussetzung für ein gutes Arbeitsklima, für kränkungsfreie Kooperation und Eigenverantwortung.

- Teamfähigkeit und Teamführung dienen der Entwicklung von Gruppenprozessen und der Organisation der Teamarbeit.
- Die Entwicklung eines effizienten Kommunikationssystems ist notwendig, um die Arbeitsprozesse zu leiten und auf Probleme schnell reagieren zu können.
- Konfliktfähigkeit bedeutet, Probleme in einem fairen Dialog offenzulegen und verfeindete Gruppen und Personen zur Zusammenarbeit zurückzuführen. Konfliktfähigkeit gilt als »Schlüsselkompetenz der Zukunft« und schließt die Fähigkeit mit ein, flexibel auf Veränderungen zu reagieren.
- Das Ertragen von Unsicherheiten schließt das Wissen mit ein, dass man nie alles im Griff haben kann.

Wesentliche Aspekte der Persönlichkeit von Führungskräften sind Offenheit, Ehrlichkeit, Selbstvertrauen und Zivilcourage.[19] Ihr Verhalten muss für die anderen transparent sein, sie müssen mit offenen Karten spielen, ihre eigenen Stärken kennen, Selbstwirksamkeit und Konfliktfähigkeit besitzen. Die Entwicklung geht weg von reiner Machtausübung und Kontrolle hin zu Kooperation, Verantwortung und wechselseitiger Übereinkunft.

Es ist wichtig zu wissen, dass negative Erwartungen, welche die Führungskraft in Bezug auf die Leistungsfähigkeit eines Mitarbeiters hat, zu einer Verschlechterung seiner Arbeitsleistung führen. Als so genannter Rosenthal-Effekt wurde dieses Phänomen in den 70er-Jahren bei der Beurteilung von Schülern durch Lehrer beobachtet. Per Zufall ausgesuchte Schüler, die den Lehrern als besonders begabt vorgestellt wurden, hatten am Ende des Schuljahres überdurchschnittlich bessere Ergebnisse im Schulleistungstest als die anderen, obwohl sie sich vorher leistungsmäßig kaum von jenen unterschieden. Ebenso führten negative Erwartungen des Lehrers zu einer Verschlechterung der Leistungen in der zweiten Gruppe. Viele Lehrer nehmen dies zum Anlass, sich bei der Übernahme einer Klasse nicht im Vorhinein über die Noten der Schüler zu informieren, um die eigene Einschätzung nicht zu beeinflussen. Bezogen auf Mitarbeiter wird dieser Erwartungseffekt das Set-Up-To-Fail-Syndrome[20] genannt. Dabei kann bereits ein einzelner Fehler oder ein Versäumnis des Mitarbeiters die Meinung des Vorgesetzten über ihn negativ beeinflussen. Aber nicht nur das. Oft resultiert daraus zusätzlich eine vermehrte Kontrolle dieses Mitarbeiters durch den Chef, die bis zur Einschränkung von Kompetenzen und Entscheidungsbefugnissen führen kann. Die Absicht des Vorgesetzten ist dabei häufig positiv, denn er will sich und den Mitarbeiter vor weiteren Fehlern bewahren. Jedoch hat sein Verhalten meist einen negativen Effekt. Weil der Mitarbeiter sich misstrauisch beobachtet und unter Druck gesetzt fühlt, nehmen seine Leistungsbereitschaft und Arbeitsmotivation ab, was wiederum die Meinung des Vorgesetzten bestätigt. Ein Teufelskreis, der nur schwer zu durchbrechen ist. Um einen solchen Erwartungseffekt gegenüber Mitarbeitern abzubauen oder gar nicht entstehen zu lassen, wird von den Vorgesetzten dreierlei gefordert: die ständige Infragestellung ihres Bewertungsmaßstabs, die Möglichkeit für offene und gegenseitige Kritik sowie die Förderung von Selbstentfaltung und Eigenverantwortlichkeit des Mitarbeiters.

Die bisher genannten Forderungen an die Persönlichkeit von Vorgesetzten sollte ergänzt werden um den konstruktiven Umgang mit Kränkungen im Sinn einer Kränkungskompetenz. Ein Chef sollte seine eigene Kränkbarkeit kennen und Strategien entwickeln oder entwickelt haben, damit umzugehen. Je souveräner er das tut, umso eher verhindert er vermeidbare Kränkungskonflikte. Es gehört meiner Meinung nach zur Professionalität dazu, Kränkungen durch Kunden oder Mitarbeiter konstruktiv abzuwehren, statt beleidigt, wütend oder sogar rachsüchtig zu reagieren.

Wenn eine Führungskraft um die Dynamik von Kränkungsprozessen weiß, kann sie nicht nur unnötige Konflikte vermeiden, sondern auch gezielter auf gekränkte Mitarbeiter, Kollegen und Kunden eingehen, indem sie nicht im Kränkungskonflikt mit agiert. Denn auch ein Chef kann schnell in die Kränkungsdynamik hineingezogen werden und anfangen, die gekränkte Person entweder gegen die »bösen« anderen zu verteidigen oder, was häufiger geschieht, sie als hysterisch, wehleidig oder als Querulanten zu verurteilen. Aber weder in der Helfer- noch der Täterposition wird er der gekränkten Person gerecht, sondern er heizt den Konflikt nur weiter an. Wenn er stattdessen erkennt, dass es sich um einen Kränkungskonflikt zwischen zwei oder mehreren Mitarbeitern handelt, kann er sie zu einem gemeinsamen klärenden Gespräch einladen und versuchen, das Problem aufzudecken und einer möglichen Lösung zuzuführen.

Das hilft, Störungen durch Beziehungskonflikte so gering wie möglich zu halten und Mobbingentwicklungen entgegenzuwirken. Denn die Folgekosten durch Fehlzeiten aufgrund psychischer und psychosomatischer Erkrankungen, Abfindungszahlungen, Vorruhestandsregelungen oder eines Rechtsstreits als Folge von ungelösten zwischenmenschlichen Schwierigkeiten am Arbeitsplatz sind immens.

Nach Schätzungen der Bundesärztekammer kann ein Mobbingfall das Unternehmen zwischen 25000 Euro und 75000 Euro im Jahr kosten.

Was Vorgesetzte kränken kann

Es gibt eine Reihe von Verhaltensweisen oder Unterlassungen der Mitarbeiter, die auf Vorgesetzte kränkend wirken können.

Missachtung der Führungsrolle

In der Regel kann sich niemand seinen Chef aussuchen, außer er lehnt eine Stelle ab, weil ihm der Chef nicht gefällt. Ansonsten muss er mit der Person auskommen, die eine Firma, ein Unternehmen, ein Team oder ein Institut leitet. Auch wenn einem Mitarbeiter ein Chef unsympathisch ist oder er ihn nicht für ausreichend kompetent und qualifiziert hält, ist dieser dennoch sein Vorgesetzter, den er als solchen respektieren muss. Tut er das nicht, sondern boykottiert er den Chef und spricht ihm die Führungsrolle ab, gerät er unweigerlich in einen Konflikt, der meist negativ endet: Entweder kündigt der Mitarbeiter oder ihm wird gekündigt. Es könnte auch sein, dass der Vorgesetzte kündigt oder ein Arbeitsteam handlungsunfähig wird. Letzteres geschieht vor allem dann, wenn auch andere Mitarbeiter den Vorgesetzten nicht anerkennen. Wird der Führung kein Vertrauen entgegengebracht, verliert sie ihre Autorität und ihren Einfluss. Dann ist das Arbeitsteam einem Boot ohne Steuermann vergleichbar. In ruhigen Zeiten kann es gut fahren, kommt das Boot jedoch in stürmische Gewässer oder gar in ein Unwetter, dann droht es zu kentern.

Innerhalb eines Arbeitsteams aus sechs Mitarbeitern im psychosozialen Bereich entwickelte sich für alle Beteiligten unbewusst eine Spaltung in zwei Gruppen: eine, welche die Leitung akzeptierte, und eine, welche die Leitung ablehnte. Die Ablehnung wurde jedoch weder unter den Teammitgliedern noch gegenüber der Führungsperson thematisiert, denn es herrschte ein unausgesprochenes Verbot, das Problem offenzulegen. Es kam jedoch bei den Mitarbeitern der dringende Wunsch nach Supervision auf, um die Strukturen innerhalb des Teams zu klären. Dadurch wurde schnell deutlich, dass ein Großteil des Konflikts darin bestand, dass Kränkungen, die sich über Jahre hin angesammelt hatten, als unüberwindliche Front zwischen der Leitung und den Mitarbeitern standen. Es gab keinen Weg, sie zu überwinden, weshalb sich drei Mitarbeiter entschlossen zu kündigen. Denn weder die Führung war bereit, ihren Anteil an dem Konflikt zu sehen, noch waren die Mitarbeiter bereit, ihren Boykott gegenüber der Leitung aufzugeben.

Oft läuft der Boykott von Untergebenen gar nicht bewusst ab, was das Problem nicht schmälert. Die Äußerungsformen des Boykotts sind Arbeitsverweigerung, Abwertung, schlecht über die Vorgesetzten reden, ihnen Fehler unterstellen, ihnen die Unterstützung entziehen und andere womöglich gegen sie aufhetzen.

Das Kränkungspotenzial des Boykotts liegt im Entzug von Wertschätzung und Anerkennung der Person des Vorgesetzten und seiner Berechtigung auf den Führungsanspruch.

Arbeitsverweigerung oder Dienst nach Vorschrift

Arbeitsverweigerung resultiert häufig aus einer Kränkung des Mitarbeiters und seinem beleidigten Stolz, wie ich es anhand der Mitarbeiterin beschrieb, die sich zur Sekretärin degradiert fühlte und daraufhin die Zusammenarbeit mit ihrem Vorgesetzten aufkündigte. Arbeitsverweigerung trifft die Vorgesetzten und den Arbeitsablauf an einem wichtigen Nerv, weil mangelndes Engagement dem

Unternehmen schadet. Dennoch ist den Mitarbeitern kaum wirklich etwas nachzuweisen. Daher bestehen auch nur wenig Möglichkeiten, das Problem zu lösen, außer durch die Konfrontation des Betreffenden in einem Zweiergespräch. Fühlt sich jedoch der Vorgesetzte durch die Arbeitsverweigerung seinerseits gekränkt, wird das Gespräch schwerlich zu einer wirklichen Klärung führen, sondern eher die Fronten verhärten.

Autoritätskonflikte

Autoritätskonflikte sind häufig Ursache für den Kampf gegen Führungspersonen, der meist einen Stellvertreterkrieg mit früheren Autoritätspersonen darstellt. Dem Kampf gegen Führungskräfte liegt meist ein Elternkonflikt zugrunde. Das möglicherweise Kränkende dabei ist, dass der jetzige Chef nicht als Mensch, sondern nur als Autoritätsperson wahrgenommen wird. Er muss für einen Konflikt herhalten, den er nicht verursacht hat, und wird bekämpft für etwas, das nicht ihn betrifft. Beispielsweise wird er weniger als Chef wahrgenommen, sondern mehr als dominanter Vater (siehe S. 34f.).

Anforderungen an Mitarbeiter

Die Möglichkeiten, im sozialen Kontakt verletzt zu werden oder bei anderen eine Kränkung auszulösen, sind vielfältig, da wir nie wissen, wo der andere verletzlich ist und was an unserem Verhalten oder Gesagten ihn trifft. Ebenso wenig weiß das unser Gegenüber und ist vielleicht sehr erstaunt, wenn es uns verletzt. Wir müssen also im sozialen Umgang berücksichtigen, dass Dinge, die wir tun oder unterlassen, bei dem anderen negativ ankommen können. Sicherlich heißt das nicht, dass wir nun jedes Wort auf die Goldwaage legen müssen, doch sollte uns diese Tatsache im Kontakt mit anderen bewusst sein. Auch unter Kollegen kann ein schnell dahergesagtes Wort Unheil anrichten. Wir alle sind mit verantwortlich für ein unterstützendes Betriebsklima und eine gute Zusammenarbeit. Wie der alltägliche Umgang untereinander ist, bestimmen auch wir. Je besser wir also mit unseren Kränkungsreaktionen fertig werden, umso konfliktfreier wird das Arbeitsklima, weil wir weniger Vorgänge persönlich nehmen.

In neuen Organisationsstrukturen, in denen es mehr um Vernetzung und Teamarbeit geht, werden andere Anforderungen an Mitarbeiter gestellt, als nur ihr Wissen und ihre Fähigkeiten einzusetzen. Sie müssen nicht nur Anweisungen befolgen und ausführen, sondern selbstverantwortlich arbeiten. Es geht nicht nur darum, viel zu schaffen und gute Resultate zu erzielen, sondern seine Fähigkeiten im Team einzubringen und eine gemeinsame Leistung zu vollbringen. Damit verändert sich auch der Stellenwert von Konkurrenz. Teamarbeit kann für Menschen, die gerne als die Besten dastehen möchten, eine Kränkung ihres Selbstdarstellungswunsches bedeuten, weil sie quasi in der Masse untergehen. Menschen mit wenig Teamgeist können daher soziale Spannungen in einem Team auslösen oder aus dem Team ausgeschlossen werden.

Bei den Anforderungen an die Mitarbeiter von heute rücken die sozialen Fähigkeiten immer mehr in den Vordergrund. Es geht um Individualität, Autonomie, Verantwortlichkeit und emotionale Intelligenz.[21]

- Individualität bedeutet, dass der Mitarbeiter sich nicht nur einer Firmenidentität und vorgegebenen Struktur unterordnet, sondern als Individuum seine Kraft zur

Verfügung stellt. Dazu zählt innovatives Denken ebenso wie Veränderungsbereitschaft, Initiative und Flexibilität.
- Autonomie ist nicht nur für den Arbeitsprozess, sondern auch bezogen auf die eigene Person wesentlich. Autonomie bedeutet Unabhängigkeit und die Freiheit, sein Leben nach eigenen Maßstäben zu gestalten. Ein autonomer Mensch kann seine Selbstachtung bewahren und zugleich nahe Beziehungen eingehen. Da er intakte Grenzen besitzt, wird er weder symbiotisch mit anderen verschmelzen noch einen Großteil seines Selbst aufgeben. Er ist in Kontakt mit seinen Wünschen, Bedürfnissen und Gefühlen und weiß daher, wann wie viel Nähe für ihn stimmig ist. Ein solcher Mensch ist weniger empfänglich für Kränkungen, da er sein Selbstwertgefühl nicht so stark von der Reaktion der anderen abhängig macht, sondern das Maß für sein Handeln in sich selbst trägt. Er wird daher weniger auf direkte Anerkennung und Bestätigung von außen achten als kränkbare Menschen. Diese werden schneller durch weniger strukturierte Arbeitsplätze verunsichert, weil ihnen die nötigen Grenzen und Vorgaben fehlen, die ihnen Orientierung und Sicherheit geben.
- Verantwortlichkeit steht in enger Verbindung zur Autonomie, da unabhängige Menschen weniger dazu neigen, anderen die Schuld für ihr Scheitern oder ihren Erfolg zu übertragen, sondern die Verantwortung sowohl für sich als auch für ihre Leistung übernehmen. Die Kränkbarkeit reduziert sich dadurch natürlich wesentlich, da sie sich weniger zum Opfer anderer machen.
- Emotionale Intelligenz bedeutet im Wesentlichen, klug mit seinen Gefühlen umzugehen. Das setzt voraus,

dass man seine Gefühle kennt und erkennt und sich ihnen nicht hilflos ausgeliefert fühlt. Für Kränkungen spielt das eine große Rolle, da hinter jeder Kränkungsreaktion Gefühle stehen. Je eher ein Mensch seine Wut, Scham, Angst und seinen Schmerz spürt und sich darauf einlässt, umso eher überwindet er seine Ersatzgefühle in Form von Ohnmacht, Trotz, Racheimpulsen und Verzweiflung. Je besser seine Selbstwahrnehmung ist, umso besser kann er seine Gefühle ausdrücken. Statt in der Kränkungswut unangemessen herumzuschreien, Geschirr an die Wand zu schmeißen oder den anderen sogar tätlich anzugreifen, kann er seinen Ärger so ausdrücken, dass er weder die Beziehung riskiert noch anderen Schaden zufügt. »Emotionale Selbstbeherrschung – Gratifikationen hinausschieben und Impulsivität unterdrücken – ist die Grundlage jeder Art von Erfolg.«[22]

Zur emotionalen Intelligenz gehört auch die Empathie, die Einfühlung in andere Menschen, welche die Grundlage guter wechselseitiger Beziehungen ist. Die Überwindung von Kränkungsgefühlen gelingt umso besser, je mehr wir uns in den Kränkenden einfühlen: Warum verhält er sich so? Was bewegt ihn, so mit uns umzugehen? Wenn wir uns in seine Lage hineinversetzen, können wir möglicherweise die Beweggründe des anderen besser verstehen und versöhnlicher werden.

Kränkungen von und durch Kunden

Im Dienstleistungssektor haben es die Mitarbeiter mit Kunden zu tun, die von ihnen Waren oder Leistungen meist gegen Bezahlung anfordern. Durch den Kundenkontakt besitzen solche Berufe ein höheres Kränkungspotenzial, da Menschen mit unterschiedlichen Erwartungen und Forderungen aufeinandertreffen, die nicht immer harmonieren. Ein Beispiel ist die Psychotherapie oder das Coaching, wo Therapeuten oder Coachs mit Kränkungen durch die Kunden, in dem Fall Patienten oder Klienten, konfrontiert sind. Sie sind Zielscheibe von unbewussten Übertragungsprozessen und Projektionen, die, wie bereits gesagt, oft nichts mit ihnen zu tun haben, sondern mit der seelischen Dynamik der Klienten. Ein Unterschied der Psychotherapie und des Coaching zu anderen Dienstleistungen ist die Möglichkeit und Notwendigkeit, diese Übertragungsprozesse für die Patienten und Klienten transparent zu machen. Was in anderen Zusammenhängen nur ein Störfaktor in der Kommunikation mit den Kunden bedeutet, ist in der Therapie und Beratung ein Teil der gemeinsamen Arbeit und des Lernprozesses des Klienten. Denn in der Übertragung kann der Patient eigene ungelöste Anteile von sich erkennen und dadurch einer Veränderung zugänglich machen. Die Veränderung erfolgt, kurz gesagt, über eine Korrektur der bisherigen Einstellungen und Überzeugungen durch neue Erfahrungen im gegenwärtigen therapeutischen Kontakt sowie über die Heilung kindlicher Verletzungen. Es ist daher wichtig, als Therapeut und Coach abwertende Reaktionen des Klienten nicht persönlich zu nehmen, sondern mit ihm das Problem so deutlich wie möglich herauszuarbeiten. Was drückt er mit seiner Entwertung aus? Was bezweckt er damit, den Therapeuten/Coach abzuwerten? Ist es Angst oder Abwehr? Wovor muss er sich in der therapeutischen Situation schützen? Auf welche Signale des Therapeuten/Coach reagiert er und welche Beziehungsthemen wiederholen sich zwischen ihnen? Hilfreich ist dabei für den Therapeuten/Coach, innerlich einen Schritt zurückzugehen, sich die Interaktion aus einer dritten Position, wie von außen, anzusehen und dadurch einen freieren Blick auf die Dynamik zu bekommen.

Fühlen sich Therapeuten oder Coachs dagegen durch die Abwertung der Patienten oder Klienten gekränkt, dann verstricken sie sich in deren Dynamik und sind nicht mehr hilfreich. Stattdessen rechtfertigen sie sich oder versuchen, nur ja keinen Fehler zu machen, um nicht abgelehnt zu werden. Sie lassen sich verunsichern oder werden aggressiv, können aber nicht mehr frei handeln. Nicht nur, dass es für die Therapeuten und Coachs ein unangenehmes Arbeiten bedeutet, es hilft auch dem Klienten nicht weiter. Denn es wiederholt sich lediglich das Muster, das er auch sonst mit anderen Menschen in Beziehungen erlebt. Das, was die therapeutische oder beraterische Beziehung auszeichnet, nämlich Korrekturen zu ermöglichen, ist dann nicht mehr gewährleistet. Die gesamte Beziehung wird sogar durch die Kränkungen gefährdet, denn entweder kündigt der Therapeut die gemeinsame Arbeit auf oder der Klient bricht die Behandlung/Beratung ab. Damit es nicht dazu kommt, bedarf es der Supervision, in der die Therapeuten und Coachs mithilfe eines Kollegen/einer Kollegin die erlebte Kränkung auflösen und die nötige innere und emotionale Distanz zu den Klienten wiederherstellen.

In anderen Dienstleistungsberufen entstehen Konflikte durch Kritik oder Beschwerden der Kunden, weil die Ware nicht oder nur unvollständig ankam, zu teuer oder schlecht ist.

Am Schalter der Bundesbahn, am Telefon in Call Centern, bei der Telekom oder der Post sind die Angestellten oft Zielscheibe von Angriffen, deren Ursache sie als Person nicht zu verantworten haben, für die sie jedoch den Ärger abbekommen. An ihnen werden die Reaktionen auf Fehler in der Organisation oder im System ausgelassen.

Viele werden heute schon in speziellen Lehrgängen oder Seminaren geschult, wie sie darauf reagieren sollen. Wichtig ist dabei, die verbalen Angriffe gefühlsmäßig nicht an sich heranzulassen, um Verletzungen zu vermeiden. Die dort Tätigen müssen sich im Klaren sein, dass sie keine Schuld an der Misere trifft, auch wenn sie in der »angegriffenen Institution« arbeiten. Die beste Reaktionsweise ist, das Problem des Kunden auf der sachlichen Ebene zu behandeln, weil nur dort eine Lösung möglich ist. Beispielsweise ruft ein Telekom-Kunde aufgebracht bei der Servicestelle an, weil sein Telefon immer noch nicht geht, er mit vielen Sprüchen schon vertröstet wurde und sich der versprochene Techniker bisher nicht blicken ließ. Er ist empört, weil er doch Kunde ist und bezahlt und trotzdem so schlecht bedient wird. Sein Ärger ist groß, vielleicht schon lange aufgestaut und jetzt bricht er sich Bahn. Eine Gegenargumentation oder eine Besänftigung durch den Telekom-Angestellten ist wenig effektiv, da das den Konflikt nur verstärkt. Daher sollte er dem Kunden zu allererst sein Verständnis für dessen Ärger und Empörung vermitteln. Das nimmt der Aggression die Spitze. Dann sollte er versuchen, durch Nachfragen herauszubekommen, wo das eigentliche Problem liegt und wer was verschuldet hat. Auf diese Weise fühlt sich das Gegenüber verstanden und der Telekom-Angestellte erhält Anhaltspunkte für Lösungswege. Er sollte auch nachfragen, welche Versprechungen der Kunde schon bekommen hat, um nicht dieselben zu wiederholen und ihn dadurch vor den Kopf zu stoßen. Er sollte mehrere Vorschläge machen, was jetzt getan werden kann, was der Kunde selbst tun kann, und das Gespräch mit der Aussicht auf eine baldige Klärung beenden, eventuell einen Rückruf versprechen oder dem Kunden eine Telefonnummer geben, die ihm weiterhelfen kann.

Eine der schlimmsten Kränkungen für einen Kunden ist nämlich, wenn er nicht verstanden oder ihm sein Problem ausgeredet wird.

Ich erlebte eine relativ harmlose Situation bei dem Besuch eines Museums, in der ich mich aber dennoch für dumm verkauft fühlte. In den oberen Stockwerken des Museums war es so warm, dass ich meine Jacke auszog und sie über den Arm legte. Daraufhin wurde ich von einem Aufseher angesprochen, der mir riet, sie über die Schulter zu hängen. Im guten Glauben, dass nun alles seine Richtigkeit habe, kam ich in einen anderen Raum, in dem mir der nächste Aufseher sagte, es sei verboten, die Jacke über die Schulter zu hängen. Meine Erklärung, dass ein Kollege von ihm mir das aber gerade geraten habe, wurde nicht ernst genommen und mit den Worten: »Das kann nicht sein« abgetan. Ich kam mir als Kunde ziemlich dumm vor, weil ich spürte, dass die emotionale Betroffenheit des Aufsehers ausgeprägter war als sein kundenfreundliches Verhalten. Da ich mich von meiner Meinung nicht abbringen ließ und versicherte, es sei so gewesen, wurde die Stimmung gereizter. Ich hätte mir gewünscht, dass meine Aussage zumindest ernst genommen wird und der Aufseher sich erkundigt und eventuell sogar entschuldigt. Stattdessen wurde mir die Schuld zugeschoben und ich verließ das Museum mit einem ungutem Gefühl.

Die »unschuldigen Opfer«

Viele Kränkungssituationen im Beruf entstehen dadurch, dass zwei so genannte »unschuldige Opfer« aufeinanderstoßen, welche die Schuld an dem Konflikt jeweils dem anderen übertragen. Beide sind von ihrer Unschuld überzeugt und kämpfen um ihr Recht. Besteht ein solcher

Konflikt zwischen zwei Personen, die unterschiedlich hohe Positionen in einer Hierarchie einnehmen, wie zum Beispiel zwischen dem Chef und dem Untergebenen, liegt es scheinbar auf der Hand, dass der Höherstehende derjenige ist, der eher Recht bekommt beziehungsweise es sich nimmt, und der Untergebene derjenige ist, der etwas falsch gemacht hat.

Frau Mager beklagte sich in der Therapie schon seit längerem über ihren Chef, der sie, aber auch andere Mitarbeiter, zum Teil sehr unwirsch und abwertend behandelte. Obwohl sie wusste, dass sie es nicht persönlich nehmen musste, kränkte sie dieser Umgangston sehr und sie nahm etwas Abstand von ihrem Vorgesetzten, um sich zu schützen. Die Verunsicherungen traten bei ihr vor allem dann auf, wenn sie befürchten musste, etwas falsch gemacht zu haben. Suchte er sie in ihrem Büroraum, fand sie aber in der Küche, musste er nur etwas ironisch bemerken: »Ah, da sind Sie« – und sie erschrak, obwohl sie gerade für die gesamte Mannschaft Kaffee kochte. Sie hörte: »Ach so, in der Küche sind Sie und machen sich ein schönes Leben, statt zu arbeiten.« Ob er es wirklich so meinte, konnte sie nicht mit Sicherheit sagen, aber sie reagierte so, als hätte er es gesagt. Wollte er von ihr eine Information, die nicht in ihrem Kompetenzbereich lag, konnte sie sein Anliegen zwar ablehnen, fühlte sich aber dennoch unwohl, als hätte sie es trotzdem wissen müssen. Allein durch seine Frage fühlte sie sich bloßgestellt und unfähig. Sie reagierte in diesen Momenten mit einer inneren Erstarrung, fühlte sich wie geohrfeigt und begann sofort zu überlegen, ob sie nicht doch etwas falsch gemacht hatte.

Löste sich die Erstarrung, konnte sie erkennen, dass sie gar nichts falsch gemacht hatte, und mit dieser Erkenntnis wuchs ihr Ärger auf den Chef. Sie hatte das

Gefühl, nicht ernst genommen zu werden, und kämpfte um Gerechtigkeit: Er sollte ihr nicht einfach etwas unterstellen, was nicht stimmte. Durch die ständigen täglichen kleinen Angriffe entwickelte sie Angst, wieder ertappt zu werden, nichts ausrichten zu können und seinen Kommentaren hilflos ausgeliefert zu sein.

Ich ließ mir eine solche typische Situation in allen Einzelheiten schildern, wobei sie die abwertenden Bemerkungen des Chefs nur schwer wiedergeben konnte beziehungsweise diese bei der Erzählung gar nicht so entwertend klangen. Sie merkte das auch und zugleich fiel ihr auf, dass sie selbst oft Bemerkungen macht, die ihn ärgern und provozieren. Ich wies sie darauf hin, dass sie wohl nicht der unschuldige Engel sei, der sie vorgab zu sein, woraufhin sie zu lachen begann. Es war ihr höchst unangenehm zu spüren, dass auch sie ihn provozierte. »Wenn dieser unschuldige Engel vom Sockel fällt und in Scherben zersplittert, werden noch viele andere Situationen auftauchen, in denen ich provoziere.« Es fiel ihr sichtlich schwer, die Rolle des unschuldigen Opfers infrage zu stellen, sie spürte jedoch auch die Erleichterung, die dadurch eintrat. Plötzlich fühlte sie sich nicht mehr so hilflos und ausgeliefert. Auch spürte sie die Freude, die sie daran hatte, jemand anderen zu necken und zu provozieren, etwas, das sie bisher immer weit von sich gewiesen hatte. »Ich habe mich immer gewundert, wie Leute Spaß daran haben können, jemanden zu ärgern.«

Die so genannten Opfer sind meist gar nicht so unbescholten, wie sie sich geben, beziehungsweise haben einen eigenen »Täter-Anteil«, den sie jedoch leugnen oder gar nicht wahrnehmen. Der Gewinn an der Entdeckung des eigenen Täter-Anteils ist, dass sich das Gefühl, der Aggression des anderen ausgeliefert zu sein, verändert und manchmal sogar auflöst. Dadurch entstehen Eigenverantwortung und neue Handlungsmöglichkeiten, die einen Opfer-Täter-Dauerkonflikt beenden können.

Wenn Frau Mager beginnt, Verantwortung für ihre provozierenden Aussagen zu übernehmen und diese beendet, wird sich die Spannung zwischen ihr und ihrem Chef verändern. Fühlt er sich von ihr weniger angegriffen, muss er sie womöglich nicht mehr so häufig ironisch abwertend attackieren.

Für den umgekehrten Fall gilt das natürlich auch: Wenn der Chef spürt, dass seine ironisch gemeinten Bemerkungen die Mitarbeiterin verletzen und er damit Kränkungen auslöst, die er gar nicht bezweckt, kann er die Situation und das Arbeitsklima verbessern, indem er sie unterlässt.

Sexuelle Belästigung am Arbeitsplatz

Sexuelle Belästigung wird vom Gesetzgeber definiert als »jedes vorsätzliche, sexuell bestimmte Verhalten, das die Würde von Beschäftigten am Arbeitsplatz verletzt«.[23]

Gemäß der Europäischen Kommission fallen unter sexuelle Belästigung folgende Verhaltensweisen:

- Verbal: Witze mit sexuellem Inhalt, Bemerkungen über Figur und sexuelle Attraktivität, Aufforderungen zu sexuellem Verkehr.
- Nonverbal: Anstarren, Pfeifen, Aufhängen von pornografischen Bildern, auffordernde Gesten.
- Physisch: Unerwünschter körperlicher Kontakt, Berührung von Körperteilen wie Brust und Genitalien, erzwungene Küsse und Umarmungen, (versuchte) Vergewaltigung.
- Sexuelle Erpressung: Androhung von Nachteilen bei sexueller Verweigerung, Versprechen von Vorteilen bei sexueller Gefügigkeit.[24]

Das Kränkungspotenzial der sexuellen Belästigung am Arbeitsplatz besteht in der Verletzung der persönlichen Würde und der Werte des belästigten Menschen. Werden die Grenzen einer Person gewaltsam, das heißt ohne vorherige Absprache und Akzeptanz, gegebenenfalls sogar mithilfe physischer Überlegenheit, durchbrochen, bedeutet das eine Demütigung, die mit Scham und Angst verbunden ist. Gerade aber diese Gefühle zwingen Frauen, die in der Mehrzahl betroffen sind, häufig dazu, nicht über die sexuellen Übergriffe zu sprechen. Lieber schweigen sie, als sich die Blöße zu geben, dass ihnen so etwas passiert ist. Die Tabuisierung gehört zur Missbrauchsdynamik dazu und ist nur durch diese wirksam. Das Unterlegenheitsgefühl, die Angst und die Scham der Betroffenen stehen den Überlegenheitsgefühlen, der Macht und der (pervertierten) Lust der Missbraucher gegenüber.

Die Tabuisierung der sexuellen Belästigung durch die Betroffenen wird häufig von der Organisation weitergeführt. Auch wenn Frauen sich an betriebliche Ansprechpersonen wenden, reagieren diese oft mit Stillschweigen oder Unter-den-Teppich-Kehren. Ebenso vermeiden Vorgesetzte, das Thema offen anzusprechen, da sie nicht in den Verdacht geraten wollen, ihre Abteilung oder Firma nicht unter Kontrolle zu haben. Die Tabuisierung des Themas stärkt jedoch die Situation der Täter und erhöht die Entwürdigung der Opfer.

Auch Frau Bach hielt lange ihren Mund, zu lange, wie sie heute sagt. Bemerkungen ihres Kollegen wie »Wenn ich dich sehe, bekomme ich einen Ständer« oder »Dir will ich es mal richtig besorgen« wies sie aus Verunsicherung nur halbherzig zurück, was ihn ermutigte, immer dreister zu werden. Als sie es nicht mehr aushielt, wandte sie sich an ihren Chef, der jedoch jeden Eklat vermied, weil er nicht auf diesen Mitarbeiter verzichten wollte. Zudem hatte sie das Gefühl, in ihrer Not nicht ernst genommen zu werden, denn so schlimm könne es ja nicht sein, wenn die Belästigung schon so lange dauerte. Ihr äußerer Eindruck einer durchsetzungsfähigen Frau widersprach ihrer inneren Unsicherheit und wurde von diesem Kollegen, aber auch vom Chef als unausgesprochene Billigung missverstanden. Ihr Kollege wurde nicht zur Rede gestellt, sie blieb mit ihrem Problem allein und sah sich gezwungen, die Arbeitsstelle zu verlassen. Die tägliche Konfrontation mit diesem zudringlichen Arbeitskollegen hätte sie nicht verkraftet.

Das scheint typisch, denn in einer branchenübergreifenden Studie zeigte sich folgendes Ergebnis: In 778 Belästigungsfällen kündigten 46 Frauen, wohingegen nur drei Männer wegen sexueller Belästigung entlassen wurden.[25]

Wie wichtig es ist, dass Frauen auf sexuelle Belästigung reagieren, zeigt die Tatsache, dass »... Frauen, die sich nicht wehren und die Belästigungen kontern können, offenbar besonders ins Blickfeld der Belästiger geraten.«[26]

Nicht selten werden Frauen als Opfer wahrgenommen, die sich nicht verteidigen können und über die der Mann Macht hat. Das zeigte auch das obige Beispiel. Unterwerfung der Frau aus Angst verstärkt also die Dynamik, statt sie zu reduzieren. Hier zeigt sich, dass sexuelle Belästigung auch als Machtmittel eingesetzt wird, um eigene Interessen am Arbeitsplatz durchzusetzen oder Frauen vorsätzlich zu verunsichern.

Nicht zu vergessen sei in diesem Zusammenhang auch die Belästigung durch gleichgeschlechtliche Personen. Frauen werden nicht nur von Männern, sondern auch von Frauen sexuell attackiert, was zu denselben kränkenden Erfahrungen führen kann. Zwar laufen Frauen weniger Gefahr, von Frauen vergewaltigt oder tätlich angegriffen zu werden, doch können auch die Nachstellungen durch eine Frau für die Betroffene einen massiven Angriff bedeuten.

Weniger als persönlicher Angriff, aber auch verletzend und kränkend werden von Frauen Situationen empfunden, in denen sie die sexuell anzüglichen Witze der Kollegen mit anhören müssen, weil sie beispielsweise zusammen beim Mittagessen sitzen. Wie können sie darauf reagieren? Wenn sie sich wehren und sich solche Witze verbitten, geraten sie leicht in eine Außenseiterrolle, werden belächelt oder sogar als prüde verspottet. Lachen sie mit, verleugnen sie sich und ihre Gefühle. Geben sie Kontra, indem sie ihrerseits zweideutige Witze über Männer erzählen, kann ihnen Schlüpfrigkeit unterstellt werden nach dem Motto: »Ach, so eine ist das!« Die Situation ist umso schwieriger, je weniger Frauen anwesend sind. Es scheint belegt zu sein, dass die »Überrepräsentanz des männlichen Geschlechts zu einer sexualisierten Arbeitsumgebung und zu einem verstärkten Auftreten von sexueller Belästigung führt«.[27]

In diesem Fall ist weibliche Solidarität vonnöten, um ein Gegengewicht zu schaffen und sich zu stärken. Gemeinsam verlacht zu werden ist zum einen weniger wahrscheinlich und zum zweiten weniger verletzend. Sind Sie in der oben beschriebenen Situation jedoch allein oder in der weiblichen Minderzahl oder reagieren die anderen Frauen nicht solidarisch, dann ist es gut, mit einem plausiblen Grund die Runde baldmöglichst zu verlassen. Verabschieden Sie sich mit einer salomonischen Ausrede: »Meine Herren, ich muss jetzt gehen, ich habe noch eine Verabredung.«

Frauen sollten lernen, sich zu wehren, denn sexuelle Übergriffe sind keineswegs eine »untypische Randerscheinung«,[28] sondern »eine mehr oder weniger alltägliche Erfahrung« vor allem weiblicher Beschäftigter.

Der Mächtige hat immer Recht?

Das Gefälle in Machtbeziehungen reicht von völliger Ohnmacht auf der einen Seite und Übermacht auf der anderen bis zur Machtgleichheit beider Beteiligten.[29] Dabei muss immer berücksichtigt werden, dass Macht nicht für sich allein existiert, sondern Teil der sozialen Beziehung ist. Somit definieren sich die Mächtigen und die Ohnmächtigen in gewisser Weise gegenseitig.

Die Macht der Führungskraft über die Untergebenen beruht vor allem in hierarchischen Strukturen auf einer komplementären Beziehung, in der ein Gefälle und ungleiche Machtgrundlagen bestehen. Dabei nimmt der Vorgesetzte die so genannte superiore Stellung ein und der Angestellte die inferiore.

Die Macht des Vorgesetzten erlaubt ihm, Zwang auszuüben, beispielsweise durch Kündigung oder Unterdrückung, oder Mitarbeiter in Form von Gratifikationen zu belohnen. Außerdem kann er über die Weitergabe von Informationen entscheiden und situative Kontrolle durch die Strukturierung der Gesamtsituation (Größe des Chefbüros, Sitzordnung und dergleichen) ausüben. Diese Machtgrundlagen erheben ihn über die Angestellten und enthalten ein Kränkungspotenzial, wenn die weniger Mächtigen sich durch die Machtausübung zurückgesetzt und entwertet fühlen.[30]

Eine Machtbeziehung besteht jedoch nicht nur von oben nach unten, sondern auch aus der inferioren Position heraus. Macht wird hier ausgeübt durch Arbeitsleistung und Engagement, auf die das Unternehmen angewiesen ist, durch Dienst nach Vorschrift, Arbeitsverweigerung oder Streiks. Macht ist nicht an sich gut oder schlecht, sondern es sind die Methoden, mit denen sie ausgeübt wird, und das Ziel, für das sie eingesetzt wird.

Eine weitere Machtquelle von Untergebenen ist die Stärke aufgrund ihrer Opferposition, das Beherrschen durch Schwäche, Leiden, Schuldzuweisungen und Moralisieren. Im Zusammenhang mit den »unschuldigen Opfern« haben Sie schon gesehen, dass der Status der vermeintlichen Machtlosigkeit keineswegs ohne Einfluss ist. Die Macht derer, die sich gekränkt fühlen, besteht im moralischen Verurteilen oder Boykottieren des »Kränkers«. Die erlebte Macht derer, die kränken, liegt in der Überlegenheit oder Entwertung.

Im Täter-Opfer-Muster fühlen sich »die Gekränkten« als die Machtlosen und sie definieren die »Kränkenden« als die Mächtigen. Doch das stimmt nicht immer. Denn Menschen versuchen gerade dann andere zu verletzen, wenn sie sich in die Enge getrieben fühlen und sich gar nicht mächtig erleben. Das ist für die Auflösung von Kränkungserfahrungen wichtig, denn je weniger eine gekränkte Person davon ausgeht, dass der andere stärker und mächtiger ist, umso weniger bedrohlich nimmt sie diesen wahr und umso weniger ohnmächtig muss sie sich selbst fühlen.

Eine Kränkungssituation durch Machtausübung lag vor, als 1999 das Psychotherapeutengesetz in Kraft trat. Das hieß für viele Therapeuten, die Legitimation für ihre Arbeit nicht nur erneut nachweisen zu müssen, sondern den neuen Regelungen anzupassen. Denn es wurden nur einige therapeutische Methoden als Richtlinienverfahren von den Krankenkassen anerkannt und in der Folge auch bezahlt.[31] Wer in anderen Methoden ausgebildet war, musste sich nachqualifizieren, wie es genannt wurde. Das konnte bedeuten, dass Kollegen, die seit vielen Jahren, manche ihr Berufsleben lang, erfolgreich eine Praxis geführt hatten oder selbst Ausbilder waren, teure Kurse in einem der Richtlinienverfahren besuchen mussten, um weiterhin Kassenpatienten behandeln zu dürfen, wie sie es bisher bereits getan hatten. Das erzeugte eine große Kränkung in einem ganzen Berufsstand, verbunden mit Gefühlen des Ausgeliefertseins an eine staatliche Macht, auf die man kaum Einfluss hat. Die einzelnen Kollegen gingen sehr unterschiedlich mit dieser Situation um. Einige gaben den Psychotherapeutenberuf ganz auf, da sie keine Zulassung bekommen konnten, egal wie viel sie sich auch nachqualifizieren würden und unabhängig davon, dass sie bisher diese Tätigkeit ausgeübt hatten. Andere absolvierten die Kurse, um weiterhin so arbeiten zu können wie bisher, wieder andere weigerten sich und verlagerten ihren Arbeitsschwerpunkt von der Einzeltherapie auf Gruppen oder Supervision. Die Stimmung unter den Kollegen war gereizt, niedergeschlagen, depressiv und getragen von Missgunst und Neid. Die meisten waren wütend, aber konnten diese Wut nirgendwohin richten. Sie entlud sich unter den Kollegen, was so weit ging, dass Praxisgemeinschaften auseinanderbrachen oder Ausbilder in den Nachqualifizierungsseminaren angegriffen wurden. Die Rivalität unter den Kollegen nahm zu und die Konsolidierung der Situation dauert bis heute an, bei vielen auch die Kränkung.

Während die komplementäre Machtbeziehung auf unterschiedlichen Machtgrundlagen beruht, basiert die symmetrische Machtbeziehung auf relativer Gleichheit. Jeder versucht, den anderen zu überbieten und besser zu sein. Eine solche Konstellation liegt unter Kollegen vor, die miteinander konstruktiv konkurrieren. Werden unfaire Methoden angewendet, wie Entwertung, Schlechtmachen, Hintergehen und dergleichen, kann es zu einem Machtungleichgewicht, zu Kränkung und Feindschaft kommen.

Frauen und Macht

Dieses Thema will ich im Rahmen dieses Buches nur kurz anschneiden. Es ist mir jedoch gerade im Zusammenhang von Kränkungen wichtig zu fragen, ob Frauen mit Macht anders und vor allem kränkungsfreier umgehen als Männer. Im ersten Teil ist schon auf den Unterschied zwischen den Geschlechtern im Umgang mit Konkurrenz und Rivalität hingewiesen worden. Die Geschlechtsrollen sind durch biologische Grundlagen ebenso determiniert wie durch Sozialisationsfaktoren und normative Bilder von weiblich und männlich. »Im Konfliktfall neigen Männer stärker zum Kampf, in dem ein Oben und Unten ausgefochten wird und der durch Sieg und Unterordnung bzw. Unterwerfung entschieden wird. ... Frauen sind im Konflikt stärker an wechselseitigen Abhängigkeiten und Beziehungen orientiert. Konflikte müssen bei Eskalationsgefahr eher verdeckt werden, da die Distanzierung gegenüber der Beziehungsorientierung schwerer möglich ist und eine Niederlage nicht als Unterwerfung, sondern als Vernichtung und Ausschluss erlebt wird.«[32] Es sollte allerdings bei dem Gebrauch der Kategorie Geschlechtsunterschiede immer mit berücksichtigt werden, dass es zum einen auch eine Schnittmenge an Gemeinsamkeiten gibt, zum anderen sich die Frage aufdrängt, ob die Unterschiede wirklich auf dem Geschlecht beruhen oder nicht auf anderen Faktoren. Außerdem folgen aus der Aufzählung von Geschlechtsunterschieden komplementäre Rollenfestschreibungen von Männern und Frauen, die zwar im Wandel begriffen sind, aber dennoch relativ feste Vorstellungen über das jeweilige Geschlecht erzeugen: Das, was den Mann auszeichnet, kann die Frau nicht auch noch ausfüllen – und umgekehrt.

Interessant ist an dem Thema »Männer und Frauen und Macht« in meinen Augen der Unterschied zwischen

Theorie und Praxis. »Eine Frau möchte ich nie als Chefin haben. Die Kollegen tun mir leid, die die aushalten müssen«, sagte eine Mitarbeiterin in einem großen Konzern. Ihre Aussage steht für viele Frauen, die oft besser und lieber mit Männern arbeiten als mit Geschlechtsgenossinnen. Sicherlich gilt das auch für viele Männer, für die es kränkend sein kann, von einer Frau Anweisungen zu erhalten und geführt zu werden. Und das, obwohl Frauen laut Umfragen[33] gute Führungsqualitäten nachgesagt werden wie:

- Im Mittelpunkt der Führung steht bei Frauen nicht das Machtstreben, sondern die Aufgabe und die bestmögliche Umsetzung der Inhalte im Sinne des Unternehmens und der Angestellten. Für Männer bedeutet Führung Macht, der Inhalt ist austauschbar.
- Frauen erleben sich eher als Teil des Teams und weniger diesem überlegen; sie reagieren sensibel und prompt auf Stimmungsveränderungen und Verschlechterungen im Unternehmen; sie halten Karriere und Sicherheit für weniger wichtig als Arbeitszufriedenheit, intellektuelle Herausforderung und Sinnhaftigkeit; sie gehen individueller auf Mitarbeiter, Marktbedürfnisse und Kunden ein.

Um im oberen Management mitzuspielen, müssen Frauen jedoch häufig von dieser Haltung Abschied nehmen und sich den eher hierarchischen und machtorientierten Strukturen anpassen. Vielleicht ein Grund, warum so wenige Frauen in Führungspositionen zu finden sind, gerade einmal 3 Prozent im Topmanagement oder 9,4 Prozent in Spitzenpositionen insgesamt. Was etwas verwundert, ist, dass die meisten befragten Frauen sich hinsichtlich ihres Führungsstils in ihrer Selbstbeschreibung nicht wesentlich von Männern unterscheiden: So rangieren auch für sie Fähigkeiten wie Kommunikationskompetenz, strategische und analytische Fähigkeiten, Durchsetzungsvermögen und Motivation höher als die eher »weiblichen« Eigenschaften wie Diplomatie, Einfühlungsvermögen und Teamfähigkeit. Ein Widerspruch? Vermutlich deshalb nicht, weil die Anforderungen an Führungskräfte heutzutage immer stärker ausgerichtet sind auf Vertrauen, Glaubwürdigkeit, Kooperation, Teamfähigkeit und soziale Fähigkeiten. Dennoch ist das größte Hindernis für Frauen, um in der Führungshierarchie aufzusteigen, die Dominanz der Männer in diesen Bereichen und das Fehlen von Mitstreiterinnen. Die Frage, ob Frauen wirklich kränkungsfreier führen, ist schwer zu beantworten, weil wir sowohl für das Pro als auch für das Kontra viele Belege finden.

In einer männerdominierten Arbeitswelt ist eine Frau oft unterschiedlichen Anfeindungen ausgeliefert, von neidischen und rivalisierenden Frauen ebenso wie von machtstrebenden Männern. Vorurteile gegenüber Frauen haben sich noch nicht so schnell in den Köpfen der Menschen abgebaut, wie Frauen in Führungspositionen hineinwachsen. Heute haben immer noch viele Frauen das Gefühl, mehr leisten zu müssen als Männer, um anerkannt zu werden. Das kann Frauen kränken. Um nicht unterzugehen, müssen sie Stärke zeigen, Grenzen setzen, klare Anweisungen geben, kritisieren, aber auch loben und verstehen. Um die Gefahr, andere zu verletzen, kommen sie nicht herum. Vielleicht auch deshalb, weil gerade Frauen weniger zielgerichtetes Verhalten zugetraut wird als Männern. Frauen, die Führung übernehmen, werden dann schneller als kalt, überheblich und uneinfühlsam wahrgenommen als ihre männlichen Kollegen, von denen man dieses Verhalten eher erwartet.

Es wäre sinnvoll, die Frage nach der kränkungsfreien Führung bei Männern und Frauen empirisch zu untersuchen, um klarere Aussagen machen zu können. Dennoch: Ein wesentlicher Faktor, wenn nicht der wesentlichste, ist und bleibt die jeweilige Person, die führt. Wie integer ist sie? Mit wie viel Achtung behandelt sie ihre Untergebenen? Oder nutzt sie ihre Macht, um andere zu entwerten und klein zu machen?

Frauen an Hochschulen

Nicht nur im Management finden sich wenige Frauen in führenden Positionen, auch an Universitäten und Hochschulen gibt es kaum Professorinnen. Ihr Anteil liegt bei fast 14 Prozent.

Tätige Professorinnen haben häufig mit vielen Vorurteilen und Ressentiments von Seiten ihrer männlichen Kollegen und Vorgesetzten zu kämpfen. Vor allem dann, wenn sie nicht dem Mainstream folgen, sondern eigene Ideen und Verbesserungsvorschläge entwickeln und sich ihrer Leistung sicher sind. Frau Borck, die als Professorin an einer Hochschule Pädagogik lehrt, kam regelmäßig zur Supervision, da sie sich stark durch den Dekan und einige Kollegen gekränkt fühlte. Egal ob es um Veröffentlichungen, Forschungsfreisemester, Arbeitszeitregelungen oder Lehrinhalte ging, sie stieß fast zwangsläufig auf Widerstände, Rivalität und Ablehnung, die oft in deprimierenden Beziehungskonflikten endeten. Es waren teilweise nichtige Anlässe, die aber dennoch eine verletzende Wirkung entfalteten. Ein solches Vorkommnis bezog sich beispielsweise auf die Veröffentlichung eines Buches, für das sie und sechs weitere männliche Kollegen jeweils einen Artikel verfassen sollten. Man einigte sich im Vorfeld auf eine für alle geltende Seitenzahl, die ein Kollege jedoch um ein Vielfaches überzog. Statt sich zu erklären oder eine Kürzung in Erwägung zu ziehen, sagte er nur lapidar zu Frau Borck: »Seien Sie froh, dann müssen Sie nicht so viel schreiben.« Was sie hörte, war: »Ich rette dich, weil du es nicht kannst.« Und: »Ich nehme mir einfach den Raum und du musst zurückweichen.« Sie fühlte sich dadurch in ihren Fähigkeiten, aber auch als Person und weibliche Kollegin abgewertet, was er jedoch nicht bemerkte oder möglicherweise auch nicht so sehen würde.

Sie und ihre einzige Kollegin im selben Fachbereich waren ein Dorn im Auge des Dekans, der, wo immer er konnte, sie seine Macht und Ablehnung spüren ließ. Es wirkte wie eine Schikane, wenn er Freitagmittag einen Besprechungstermin ansetzte, obwohl er wusste, dass Frau Borck zu diesem Zeitpunkt meist zu ihrem etwas weiter entfernten Wohnort fuhr. Sie ging jedes Mal hin und bot ihm damit die Stirn: »Mir kannst du nicht nachsagen, ich würde deine Anweisungen nicht befolgen.«

Oder er begann, ihre Lehrinhalte zu kontrollieren, obwohl das weder seine Aufgabe war noch in seinem Kompetenzbereich lag. Er erwartete von ihr, dass sie zuvor seine Zustimmung zu ihren Lehrangeboten einholen sollte, obwohl sie dazu nicht verpflichtet war. Sie war davon überzeugt, dass ein männlicher Kollege einfach hätte tun können, was er wollte, ohne ihn darüber in Kenntnis zu setzen. Sie empfand die Forderung des Dekans als Frechheit und Ungerechtigkeit. Unter den Konflikten litt sie auch deshalb sehr, weil sie diese weder mit dem Dekan noch mit ihren Kollegen im Gespräch klären oder lösen konnte. Fragte sie den Dekan, ob und welches Problem er mit ihr oder ihrer Arbeit habe, leugnete er, überhaupt eins zu haben. Versuchte sie, eine Meinungsverschiedenheit mit ihrem Kollegen zu klären, spielte er den Unverstandenen und wehrte sich dagegen, dass er sie oder ihre Arbeit ablehnen würde.

In der Supervision versuchten wir herauszuarbeiten, warum und auf welche Weise sie die Vorkommnisse kränkend verarbeitet. Dazu benutzten wir die Technik des Dialogs mit dem leeren Stuhl. Um einen Konflikt besser zu verstehen und Lösungsansätze zu finden, kann es hilfreich sein, sich den Konfliktpartner auf dem Stuhl gegenüber so realistisch wie möglich vorzustellen und mit ihm in ein Gespräch über die Schwierigkeiten zu kommen. Auf diese Weise findet man häufig auch einen Zugang zu seinen Gefühlen und Bedürfnissen und kann sie dem anderen gegenüber ausdrücken, was in der realen Situation oft nicht möglich oder sinnvoll ist.

Im vorliegenden Fall ging es hauptsächlich darum, die Kommunikationsmuster und ihre Gefühlslage zu ergründen.

Frau Borck begann den Dialog in der Rolle des Dekans, der zu ihr spricht:

Dekan sagt: Sie machen ja im anderen Fachbereich eine Veranstaltung zu dem Thema Projektmanagement?

In der Rolle des Dekans spürt sie, dass er noch eine Botschaft hat, die er aber nicht ausspricht:

Dekan denkt: Ich sage ihr nicht, dass es mich ärgert, dass sie es eigenmächtig anbietet, ohne mich zu fragen.

Sie wechselt auf den anderen Stuhl und spricht als sie selbst zu ihm:

Frau Borck sagt: Ja.

Und denkt bei sich: Und das geht dich gar nichts an.

Bereits an diesem Punkt, also beim zweiten Satz, geht sie in den Kampf mit dem Dekan, wehrt ihn und seine Erwartungen ab und wird ihm gegenüber unnachgiebig. Emotional erlebt sie sich gemaßregelt und kontrolliert wie ein Kind und möchte sich dafür rächen.

Dieses unausgesprochene Kampfangebot beeinflusst in der realen Situation den weiteren Gesprächsverlauf auf eine unangenehme Weise. Beide verbarrikadieren und schützen sich durch nonverbale Angriffe. Auf der Sachebene, dem verbalen Dialog, wahren sie die Form, auf der emotionalen Ebene kämpfen sie miteinander. Und auf dieser Ebene geschehen die gegenseitigen Verletzungen, über die nicht offen gesprochen werden kann, da sie unbewusst oder unreflektiert ablaufen.

Eine Alternative zu diesem Kampfangebot könnte folgendermaßen lauten:

Frau Borck sagt: Ja, und ich habe gehört, Sie haben Schwierigkeiten damit.

Mit dieser Äußerung würde sie das Problem an ihn zurückgeben, ohne kämpfen zu müssen.

Seine vermutliche Reaktion könnte sein, das zu leugnen:

Dekan: Nein, hab ich nicht.

Statt sofort sauer zu werden, weil er nach ihrem Empfinden nicht die Wahrheit sagt, könnte sie ihn beim Wort nehmen und erwidern:

Frau Borck: Wunderbar, dann haben wir ja beide kein Problem.

Sie spürt bei dieser Übung, dass diese alternative Reaktion ein überlegtes, unemotionales Verhalten wäre, bei dem sie Autonomie und Entscheidungsfreiheit gewinnt. Doch sie ist gefühlsmäßig so sehr getroffen, dass es ihr gar nicht einfiele, auf diese Weise zu antworten. Stattdessen verbeißt sie sich sofort in den Konflikt und kämpft um die Richtigkeit ihrer Wahrnehmung. Das hat mit ihrem wunden Punkt zu tun, den der Dekan, ohne es zu wissen, berührt. Die Erfahrung, als Kind von den anderen nicht verstanden worden zu sein, ist so schmerzlich, dass sie es sogar heute kaum erträgt, kein Gehör zu finden. Sie bemüht sich deshalb mit aller Kraft um Verständnis und will das »falsche« Bild, das der andere von ihr hat, zurechtrücken. Doch je mehr sie das versucht, umso mehr prallt sie ab. Sie erlebt es so, als stünde sie vor einer verschlossenen Tür, gegen die sie trommelt, aber keiner macht auf. In ihrer Verzweiflung zieht sie sich beleidigt und hilflos zurück und meint, sich auf diese Weise vor neuen Angriffen zu schützen. Ihre Angst, Unsicherheit und Verzweiflung zeigt sie nicht nach außen, sondern versteckt sie hinter einer harten und kämpferischen Fassade. Auf diese Weise lässt sie die anderen auflaufen und sie fühlen sich von ihr zurückgesetzt oder angegriffen. Sie verschließt sich, um den Schmerz der Zurückweisung und des Nicht-richtig-Seins nicht zu spüren. Sie befürchtet, sonst in einer Depression und einer unerträglichen Schwere zu versinken, wie sie es aus ihrer Kindheit kennt. Nichts zu fühlen ist immer noch besser als das.

Die erlebte Diskriminierung als Frau an der Hochschule provozierte in ihr altbekannte Minderwertigkeitsgefühle, die sie durch Rückzug und Demonstration einer starken Fassade versucht zu kontrollieren. Beide Verarbeitungsvarianten führten jedoch im Laufe der Zeit zu einer Verschärfung des Konflikts. Durch die Bearbeitung der kindlichen Verletzung in der Supervision wurde es ihr jedoch möglich, ihre erwachsenen Funktionen im Berufsleben zu stärken. Sie lernte, sich zu vertreten, sich abzugrenzen und deutlicher Ja und Nein zu sagen, wenn Forderungen an sie herangetragen wurden, die sie nicht erfüllen wollte oder konnte. Auch gelang es ihr immer besser, ihr verletztes inneres Kind zu schützen und trotzdem im Kontakt mit den Kollegen zu bleiben und sachlich zu reagieren. Denn hinter dem Wunsch, verstanden zu werden, stand auch das Bedürfnis, dass der Dekan und die Kollegen Sorge für das durch Nichtbeachtung verletzte kleine Mädchen in ihr übernehmen. Das ist jedoch weder die Aufgabe des Vorgesetzten noch der Mitarbeiter, noch ist der Arbeitsplatz der geeignete Ort. In einer Therapie oder Supervision, in der die Emotionalität der Klientin geschützt ist, kann man versuchen, die Wunden zu heilen oder zumindest den Schmerz zu lindern.

Umgang mit Informationen

Auf einen speziellen Punkt der Machtausübung möchte ich näher eingehen, auf die Weitergabe oder das Zurückhalten von Informationen. Das tue ich deshalb, weil es eine Ursache für viele Kränkungen sein kann und wir auch aus der Mobbing-Forschung wissen, dass Betroffene vor allem unter unzureichenden Arbeitsaufträgen und Informationsverweigerung leiden. Wie hoch der Stellenwert von klarer Kommunikation und Informationsvermittlung ist, zeigt eine Studie von Panse und Stegmann aus dem Jahr 2000.[34] Demnach leiden 43,9 Prozent der befragten Manager unter der Angst vor Fehlinformationen. Sie sprechen von der »Waffenqualität« von Informationen, da durch ihren gezielten Einsatz Freunde belohnt und Feinde bestraft werden. »Mit Informationen werden Getreue belohnt, Gefolgsleute gekauft, Unentschlossene geködert und Mitläufer ›gebauchpinselt‹ ... Mit Nicht-Information sehen sich Abweichler und Missliebige ›zur Ordnung gerufen‹ oder direkt gestraft und im Lauf des aktuellen Geschehens ausgegrenzt.«[35] Mit dem geschickten Einsatz und Weglassen von Informationen können unliebsame Konkurrenten ausgeschaltet und Kunden geworben werden.

Die Auswirkungen der Informationsweitergabe oder -zurückhaltung betreffen alle Sparten eines Unternehmens und alle Gehaltsgruppen. Für Führungskräfte mag es noch verheerender sein, nicht informiert zu werden, als für die Sekretärin oder den Ausfahrer. Doch auch sie können ohne gezieltes Wissen keine Entscheidungen treffen oder mit falschen Informationen sogar viel Schaden anrichten.

Es ist beispielsweise möglich, dass durch Nachlässigkeit, einen oberflächlichen Umgang mit einem Sachverhalt oder mangelnde Voraussicht falsche Informationen weitergegeben werden und zu fehlerhaften Entscheidungen oder Irrtümern in der Produktion führen. Die Schuld wird dann meist den Ausführenden gegeben, selten denen, die falsch informiert haben. Das trifft auch für die Führungskräfte zu, die oft so weit von der Basis entfernt sind, dass sie die erhaltenen Informationen nicht überprüfen können, sondern sich auf das verlassen müssen, was sie erfahren. Entscheiden sie aufgrund von Fehlinformationen falsch, tragen sie dennoch die Verantwortung.

Keine oder falsche Informationen zu bekommen kann äußerst demütigend wirken und mit dem Gefühl verbunden sein, unbedeutend zu sein. Ein Mensch wird ausgeschlossen, er kann nicht mehr mit den anderen mithalten oder sie sogar führen, er ist »kaltgestellt« und ihm kommt der quälende Gedanke, nicht mehr gewollt zu sein. Und in vielen Fällen hat er damit auch Recht.

Die Person, die über die Informationsweitergabe entscheidet, befindet sich in einer außerordentlichen Position, da sie sozusagen das Monopol und somit die volle Macht besitzt. Und diese Macht kann sowohl von oben nach unten als auch von unten nach oben ausgeübt werden, je nachdem, wo der Informationsinhaber steht.

Werden Mitarbeiter von der Führungskraft nicht ausreichend informiert, erleben sie sich häufig herabgesetzt, reagieren mit Misstrauen und dem Gefühl, sie würden manipuliert. Auf der anderen Seite kann aber auch die Weitergabe von Information negativ wirken, wenn die Mitarbeiter über Neuerungen oder Veränderungen empört, hysterisch oder aggressiv urteilen. Dann bekommen sie zwar die Information, fühlen sich aber dennoch verletzt. Das heißt, sowohl die Weitergabe von Information als auch das Zurückhalten kann Misstrauen, Empörung und Kränkungsgefühle bei den Mitarbeitern auslösen.

Bedeutend ist jedoch nicht nur das Weiterleiten oder Zurückhalten von Informationen, sondern auch die Art, wie Fakten dargestellt werden. Presse, Werbung und Medien bedienen sich dabei diverser Strategien, um Informationen auf eine bestimmte Art zu präsentieren und eine gewollte Wirkung zu erzielen. Sie bilden die Realität auf besondere Weise ab, indem einzelne Aspekte eines Sachverhalts betont, andere vernachlässigt werden. So kann man mit gezielter Informationsdarbietung sowohl Verleumdungen in die Welt setzen als auch ihnen entgegenwirken. Im Zusammenhang mit der Affäre um Schill und Ole von Beust wurde diese Taktik sehr deutlich: Bevor Letzterer durch Schill in einen möglichen öffentlichen Skandal hineingezogen wurde, veröffentlichte er seine Sicht und nahm damit seinem Gegenüber den Wind aus den Segeln. Das ist eine sehr effektive Taktik, um Angriffe ins Leere laufen zu lassen, auch im direkten Umgang mit Kollegen. Die Schwäche, auf die die anderen einschlagen wollen, kann zu einer Besonderheit stilisiert werden und bietet dann keinen Angriffspunkt mehr.

Beispielsweise wurde ein Rekrut bei der Bundeswehr als Homosexueller verspottet und als Tunte ausgelacht. Eine solche Diskriminierung hätte er keine 12 Monate ausgehalten. Also drehte er den Spieß um, verkleidete sich als Frau und »machte« auf spaßhafte Art seine Kumpels »an«. Er erntete großes Gelächter und zugleich Respekt von den anderen, der so weit ging, dass ab diesem Moment jeder, der ihn verhöhnen wollte, zur Räson gerufen wurde.

An diesem extremen Beispiel sehen wir, dass wir möglichen Verleumdungen nicht schutzlos ausgeliefert sind, es aber Mut und Selbstbewusstsein erfordert, sich auf diese Weise zu wehren. Wir können uns schützen, indem wir zu den Tatsachen stehen, wie sie sind, statt sie zu leugnen oder zu vertuschen. Dadurch machen wir uns weniger angreifbar und ernten möglicherweise sogar Anerkennung. Auch liegt darin ein Überraschungseffekt: Wir reagieren anders, als die »Angreifer« es sich vorstellen, und legen sie lahm durch die Anerkennung der Wahrheit, durch Humor und indem wir sie mit ihren eigenen Waffen schlagen.

Arbeitssucht und übermäßige Gewissenhaftigkeit

Arbeitssucht und übermäßige Gewissenhaftigkeit gelten in der heutigen Arbeitswelt nicht unbedingt als schlechte Tugenden, denn arbeitssüchtige und übergewissenhafte Mitarbeiter werden sicher ihre gesamte Kraft in die Arbeit einbringen und darauf aus sein, gute, wenn nicht sogar sehr gute Leistungen zu erbringen. Außerdem werden »Tüchtigkeit und Einsatzbereitschaft immer noch als Grundfeste der Leistungsgesellschaft angesehen«.[36] Arbeitssüchtige wirken meist erfolgreich, agil und anerkannt. Dennoch haben sie es im Kontakt mit Kollegen häufig schwer, weil sie neben einem scheinbar unbegrenzten Arbeitseinsatz auch einen Hang zum zwanghaften Perfektionismus und zur Kontrolle zeigen. Arbeiten erledigen sie lieber selbst statt sie zu delegieren, denn nur dann können sie ihrem Anspruch gerecht werden. Dahinter steht eine unausgesprochene Aufwertung der eigenen Person, die eine Abwertung der anderen einschließt: »Keiner kann es so gut wie ich.« Eine solche Haltung lädt zu Sticheleien oder Angriffen ein und provoziert Kollegen regelrecht dazu, diesem Mitarbeiter Fehler nachzuweisen, um ihn von seinem hohen Ross zu stoßen. Darauf wird auch in der Literatur immer wieder hingewiesen. »Mobbing-Opfer bringen nicht selten ein hohes Selbstbewusstsein und eine moralische Überlegenheit zum Ausdruck und stellen sich damit ungewollt ins Abseits. Leistungsbereitschaft kann zur Schau gestellt, Gewissenhaftigkeit kann auch Rigidität, Unnachgiebigkeit und das Beharren auf den eigenen Vorstellungen beinhalten.«[37] Das Betriebsklima leidet unter zwanghaft-perfektionistischen Mitarbeitern, weil sie sich oft nicht auf ihren eigenen Aufgaben- und Kompetenzbereich konzentrieren, sondern dazu neigen, sich überall einzumischen. Nicht selten fühlen sich Vorgesetzte durch solche Mitarbeiter in Bezug auf ihre Leistung bedroht, angegriffen oder infrage gestellt. Als Vorgesetzte überfordern Arbeitssüchtige ihre Mitarbeiter häufig, da Kooperation und Teamfähigkeit nicht ihre Stärken sind und sie dazu neigen, durch Kontrolle die Eigenverantwortung und Motivation der Mitarbeiter zu untergraben.

Der Kampf um Gerechtigkeit

Wie schon erwähnt fällt im Zusammenhang mit Kränkungen immer wieder das große, manchmal sogar existenzielle Bedürfnis der Beteiligten auf, Gerechtigkeit herzustellen oder Recht zu bekommen. Sie kämpfen wie gegen Windmühlen, wissen oft sogar, dass sie den Kampf gar nicht gewinnen können, und dennoch lassen sie nicht von der Vorstellung ab, dass erst dann alles gut ist, wenn sie zu ihrem Recht kommen. Das kann so weit gehen, dass beispielsweise Mitarbeiter, die sich gemobbt fühlen, konkrete Hilfestellung ablehnen oder sich weigern, trotz Abfindung zu kündigen, nur weil sie dann den Kampf um Gerechtigkeit aufgeben müssten. Das wäre für sie wie klein beigeben, sich verleugnen oder den eigenen Überzeugungen untreu werden, auch wenn es die konkrete Situation der Betroffenen erheblich verbessern würde. Den Verlust der Arbeitsstelle würden sie wie ein persönliches Versagen interpretieren. Auch scheint es so zu sein, dass sie ihre Angst nicht spüren. Damit fehlt ihnen ein wichtiges Gefahrensignal, das ihnen rechtzeitig anzeigen würde, dass sie die Situation verlassen sollten. Durch die Abspaltung ihrer Angst bleiben sie oft viel zu lange in der Demütigung.

Sie halten an der Idee fest, dass es auf der Welt gerecht zugehen müsste, und fühlen sich persönlich angegriffen, wenn ihnen Ungerechtigkeit widerfährt. Ihre Erwartung öffnet Kränkungsgefühlen Tür und Tor. Ihr Problem besteht darin, dass sie davon ausgehen, ein Recht auf Lob, Wertschätzung und Information durch Vorgesetzte zu haben. Wenn sie all das nicht erhalten, fühlen sie sich ungerecht behandelt und verarbeiten es als Kränkung. Doch gibt es wirklich dieses Recht? Die Realität zeigt das Gegenteil. Es gibt den Wunsch danach, der verständlich und nachvollziehbar ist, aber es gibt kein einklagbares Recht darauf. Der Ausgleich für die Arbeit ist der Lohn. Wenn Mitarbeiter das akzeptieren, dann werden sie den Mangel an Lob und Zuspruch oder die unbefriedigende Kommunikation weniger als Ungerechtigkeit erleben, obwohl sie mit Frustration, Bedauern oder Groll darauf reagieren. Auf der anderen Seite ist nicht zu verstehen, warum Vorgesetzte ihre Mitarbeiter nicht häufiger loben oder zu lange in Unklarheit über Entscheidungen lassen, die sie betreffen. Es würde ihnen nur wenig Mühe bereiten und die Arbeitsmotivation und Zufriedenheit würden steigen.

Der Kampf um Gerechtigkeit kann zu einem Kampf um die eigene Identität werden, auch um den Preis, Beziehungen oder sogar den Arbeitsplatz zu verlieren. In der Klinik, in der ich früher arbeitete, gab es den geflügelten

Satz: »Willst du Recht haben oder eine Beziehung?« Das ist eine Karikatur dessen, was ich meine. Rechthaben kann wichtiger werden als der Kontakt zu einem anderen Menschen. Es wird gekämpft und gestritten, nur um am Ende der zu sein, der es besser weiß.

Eine Klientin von mir wurde während ihrer Ausbildung mit Entwertungen und Beleidigungen konfrontiert, indem man sie spüren ließ, dass sie sich in einer unterlegenen Position am Ende der Hierarchie befindet. Ironische Bemerkungen über ihren Wissensstand, ihr Aussehen, ihre Arbeitsleistung und ihren Einsatz wurden so persönlich, dass sie sich zum Protest aufgerufen fühlte. Ihr Ausbilder habe es zwar nur amüsant gemeint, doch sie erlebte seine abwertenden Kommentare trotzdem kränkend. Sie war empört und regte sich heftig auf: »Was der sich alles rausnimmt, so eine Unverschämtheit!«

Ihr Protest ging jedoch weit über eine verständliche Ablehnung seines Verhaltens hinaus. Denn sie ließ sich auf einen Kampf um Macht, Ansehen und Recht ein. Er habe kein Recht so mit ihr umzugehen, weshalb sie vordergründig zwar freundlich, aber im Ton und in ihren Bemerkungen ebenso ironisch und abwertend auf ihn reagierte. Das provozierte ihn dazu, sie noch mehr anzugreifen, und die Spirale drehte sich immer weiter. Sie hätte den Kampf möglicherweise eher gewonnen, wenn sie ihn als Spiel hätte sehen können und sie dem Ausbilder seine Macht nicht streitig gemacht hätte. Doch konnte sie nicht aussteigen, obwohl sie um die negativen Konsequenzen wusste, die ihr Verhalten für den Fortgang ihrer Ausbildung haben könnte. Es war ihr nicht möglich, den Ausbilder so zu lassen, wie er war, obwohl sie nur einige Wochen mit ihm zu tun hatte. Diese Tatsache zeigte deutlich, dass es ihr um weit mehr ging, als nur darum, gut behandelt zu werden. Sie verurteilte ihn moralisch und wollte die Ungerechtigkeiten aus der Welt schaffen. »Eines der wirksamsten Machtspiele in Gruppen ist das Spiel mit den Mitteln der Moral«.[38]

Sie wollte Gerechtigkeit, was für sie hieß, von ihm so würdig behandelt zu werden, wie sie es mit ihm tat. Wer war er schon, so schlecht mit ihr umzugehen! Diese Reaktion klingt wie eine Majestätsbeleidigung und weist darauf hin, dass sie sich gekränkt fühlte. Der Ausbilder berührte ihre alte Wunde, die Entwertung durch ihren Vater, dem sie bis heute nichts recht machen kann, obwohl sie sich auch ihm gegenüber moralisch überlegen fühlt. Beim Ausbilder klein beizugeben wäre, wie vor dem Vater zu kapitulieren. Sie würde den letzten Rest ihres Selbstwertgefühls und ihrer Selbstachtung verlieren, die sie durch Stolz und moralische Werte aufrechterhält. Und sie würde sich ohne Einfluss und Macht fühlen, doch sie braucht beides, um vor sich und der Welt bestehen zu können und ihre Identität zu wahren.

Außenseiter und Sündenböcke

Auf das Sündenbockphänomen stieß ich das erste Mal im Zusammenhang mit der Schizophrenieforschung. »Die Gruppeneinheit wird dadurch hergestellt, dass ein besonderes Mitglied zum Sündenbock gestempelt wird ... So kann derjenige, der von der Gruppe ein wenig abweicht, für sie eine wertvolle Funktion erfüllen, indem er ein Ventil für ihre Spannungen darstellt und eine Basis zur Solidarität schafft.«[39]

Ursprünglich kommt der Begriff des Sündenbocks aus dem Hebräischen und steht für ein altes Ritual: »Einmal im Jahr wurde ein Ziegenbock ausgewählt, auf dessen Haupt symbolisch die Sünden und die Sorgen der Menschen abgeladen wurden. Anschließend wurde er in die Wüste gejagt. Dadurch wurden die Menschen, zumindest eine Zeit lang, von aufgestauten Versagens- und Schuldgefühlen erlöst.«[40]

Hinter diesem Ritual steht die Hoffnung, ein anderer könne uns retten, von unseren Nöten erlösen, einfach dadurch, dass wir sie ihm aufbürden. So wie es mit dem Ziegenbock nur unzulänglich gelingt, wirkt es auch in Gruppen nur ansatzweise. Sündenböcke werden in dem Moment ernannt, in dem die Gruppe Konflikte hat, die sie nicht löst oder lösen kann. Anstatt sich dem eigentlichen Problem zuzuwenden, wird eine Lösung durch das so genannte Bauernopfer erwirkt. Der Sündenbock muss für alles herhalten, was falschläuft.

Vorhandene Spannungen und Konflikte in der Mitarbeiterschaft müssen nicht unbedingt auch in ihr entstanden sein. Oft bilden sich darin ungelöste Probleme innerhalb der Führungsebene ab. In der psychosomatischen Klinik, in der ich neun Jahre arbeitete, stellten wir fest, dass eine Krise in der Patientengemeinschaft mitunter ihre Korrespondenz in Konflikten auf der Mitarbeiter- oder Führungsebene hatte. Statt einige Patienten als Sündenböcke für den Konflikt verantwortlich zu stempeln, stellten wir uns die Frage: »Was ist eigentlich bei uns los?« Wenn wir unsere Konflikte lösten, konnte sich auch die therapeutische Gemeinschaft wieder finden. Wenn deutlich wurde, welche Spannungen unter den Patienten herrschten, mussten nicht einige wenige als Sündenböcke herhalten, sondern die Gemeinschaft trug als Ganzes die Verantwortung für die Lösung, indem sich jeder fragte: »Welches ist mein Anteil an dem momentanen Problem und wie kann ich zu dessen Lösung beitragen?« Ein solches Vorgehen ist natürlich auch in jedem anderen Unternehmen möglich.

Das Beispiel zeigt, dass das Sündenbockphänomen nicht allein ein individuelles Problem ist, sondern auch ein systemisches. Es darf in Arbeitsgruppen nicht darum gehen, den Sündenbock wie den Ziegenbock in die Wüste zu schicken, also auszustoßen, sondern sein Vorhandensein als Signal für ungelöste Konflikte in der Gruppe zu erkennen. Leider wird das oft nicht auf diese Weise gehandhabt, auch deshalb, weil die Sündenböcke nur allzu bereit sind, die Last der anderen zu tragen. Es sind häufig Menschen, die eine solche Rolle beispielsweise in ihrer Familie innehatten, und es daher gewohnt sind, andere zu entlasten. Sie bereiten also für ihre Sündenbockrolle den Boden, sind aber nicht »schuld« daran. Denn bei systemischen Prozessen können wir gar nicht von Schuld im eigentlichen Sinne sprechen, da es, wie in einem Kreis, keinen Anfang und kein Ende, keinen linearen Ursache-Wirkungs-Zusammenhang gibt.

Häufig wird aber auch derjenige, der den Konflikt in einem Arbeitsteam aufdecken soll, selbst zum »Prügelknaben«. Das kann in Supervisionsgruppen geschehen, wenn der Supervisor stellvertretend für den Leiter oder für einen in der Gruppe ausgestoßen wird. Statt den Konflikt in der Arbeitsgruppe aufzudecken und an ihm zu arbeiten, wird er unbewusst auf den Supervisor verlagert. Das kann so weit gehen, dass ihm vorgeworfen wird, dass überhaupt erst durch sein Eingreifen Probleme entstanden seien.

Entwertend ist die Sündenbockrolle auch dadurch, dass das Bedürfnis nach Dazugehörigkeit und Anerkennung verletzt wird. Menschen streben nach Bindung, sie wollen akzeptiert und respektiert werden, was nicht eintrifft, wenn sie die Sündenbockrolle innehaben. Sündenböcke gehören zu der Kategorie der Außenseiter, wobei nicht jeder Außenseiter zugleich ein Sündenbock ist. Gemeinsam ist ihnen die Erfahrung des Nicht-Dazugehörens, des Ausgestoßen- und Zurückgewiesenseins. Außenseiter zu sein, kann in hohem Maße selbstwertschwächend sein und zur Folge haben, dass die Betroffenen »nicht nur aggressiver, leichtsinniger und unkooperativer sind, sondern auch unklug und selbstschädigend handeln«.[41] Ihre Fähigkeit, für ihre eigenen Interessen einzustehen, nimmt deutlich ab, dafür steigt ihre Impulsivität und Unkontrolliertheit. Das zwangsläufige Einzelgängertum von Außenseitern macht sie schwierig im sozialen Umgang, führt zu emotionaler Taubheit, zur Herabsetzung der kognitiven Fähigkeiten sowie der Willens- und Denkkompetenzen. An diesen Ergebnissen einer empirischen Studie[42] zeigt sich einmal mehr der große Stellenwert des Eingebundenseins in eine Gruppe, das nicht nur das persönliche Wohlbefinden, sondern auch die soziale und intellektuelle Kompetenz stärkt. Es wird deutlich, wie schädigend Ausgrenzung für die betroffene Person, aber auch für die teilnehmende Gruppe, im speziellen Fall die Arbeitsgruppe, sein kann.

Was können Sie tun, wenn Sie in eine Außenseiterposition geraten? Werden Sie sich als Erstes über Ihren eigenen Anteil klar. Haben Sie sich selbst ausgegrenzt? Werten Sie die anderen offen oder unterschwellig ab? Wollen Sie vielleicht gar nicht dazugehören? Glauben Sie, es besser zu können und dies den anderen beweisen zu müssen? Was auch immer ein Grund sein könnte, sich an den Rand zu manövrieren, es ist wichtig, das zu erkennen. Dann können Sie auch entscheiden, ob Sie dazugehören und mit den anderen zusammenarbeiten wollen. Das ist die Voraussetzung für eine Wiedereingliederung.

Der zweite Schritt besteht darin herauszufinden, welche Funktion Ihre Außenseiterposition für die Gruppe hat. Das ist sicherlich allein sehr schwierig. Dazu wären Supervisionssitzungen mit allen Beteiligten vonnöten, zumindest aber ein Einzelcoaching oder eine Beratung, in der Sie versuchen, das Gruppenproblem zu analysieren. Man kann beispielsweise mithilfe von Kissen jedem Gruppenteilnehmer symbolisch einen Platz zuweisen und von dieser Konstellation der Gruppenteilnehmer Rückschlüsse auf die Struktur und Qualität der Gruppe ziehen. Welche Kräfte halten die Gruppe zusammen, welche spalten sie? Wer tendiert wohin und warum? Was geschieht mit Ihnen auf Ihrem Außenseiterplatz? Manchmal kann eine Position am Rande sogar entlastend sein, etwa wenn starke Spannungen in der Gruppe herrschen. Am Rand bekommen Sie weniger davon ab. Sie können durch diese Übung aber auch herausfinden, wie oder durch wen Sie wieder in die Gruppe integriert werden können. Sie entdecken auf diese Weise Möglichkeiten der Veränderung, die Ihnen helfen, aktiv zu werden, statt zu resignieren. Da Ausgrenzung nicht nur für die betroffene Person destruktive Auswirkungen hat, sondern auch das Umfeld betrifft, ist auch die Erziehung in Familie und Schule aufgerufen, sich mit diesem Thema zu befassen.

Kränkungen im schulischen Bereich

Kinder, die in der Schule nicht mitspielen dürfen, die am Rande der Gruppe stehen, die gehänselt werden, weil sie anders aussehen, komisch gekleidet, arm oder hochbegabt oder einfach nur neu in der Klasse sind, leiden mitunter bis in ihr Erwachsenenleben unter den negativen Erfahrungen und bösen Erinnerungen. Die sozialen Traumata prägen sich ein und werden später in ähnlichen Situationen wieder aktiviert, sofern sie nicht im Kindesalter verarbeitet wurden. Die Langzeitfolgen von Ausgrenzung sind ein geringes Selbstbewusstsein, Misstrauen gegenüber anderen Menschen, Beziehungsschwierigkeiten, Verlassenheitsgefühle und -ängste bis hin zu Selbstmordgedanken.[43] Zudem sind Außenseiter oft Ziel von Schikanen, Aggressionen und Gewalt, was auch als Mobbing oder Bullying bezeichnet wird.

Frau Bach erinnert sich bis heute schmerzlich an ihre negativen Erfahrungen in der Schule. Sie wuchs in einem ärmlichen Elternhaus auf, das einen schlechten Ruf in dem kleinen Ort hatte. Somit war sie immer dem Gespött der Mitschüler ausgeliefert, die ihr Schimpfwörter nachriefen und ihren Namen verunstalteten. Sie schämte sich für sich, für ihr Elternhaus und für ihre Eltern und brachte daher auch nie andere Kinder mit heim. Manchmal wurde sie von Klassenkameraden angepöbelt oder sogar geschlagen. Es war niemand da, der ihr half. Auch daheim sprach sie nicht über die Schikanen, weil dort keiner Verständnis gezeigt hätte. Ihren Schmerz, ihre Verzweiflung, Einsamkeit und Minderwertigkeitsgefühle behielt sie für sich, ohne sie verarbeiten zu können. Diese alten Verletzungen wurden wieder aufgerissen, als ihre eigene Tochter zur Schule kam und sie als Mutter überreagierte, sobald ihre Tochter Schwierigkeiten mit Mitschülerinnen hatte. Sie mischte sich ein und meinte sofort, dass ihre Tochter abgelehnt würde, auch wenn es sich nur um gängige Streitereien unter Freundinnen handelte. Als Mutter litt sie Höllenqualen um ihre Tochter, was ihr zeigte, dass das Problem mehr bei ihr lag als bei der Tochter. Dass sich die Spätfolgen ihrer schulischen Negativerlebnisse auch an ihrem Arbeitsplatz zeigten, war ihr bisher gar nicht bewusst gewesen. Ihre Unfähigkeit, eigene Interessen zu vertreten und sich mit Kollegen, speziell auch Vorgesetzten, auseinanderzusetzen, rührte daher. Statt für sich einzustehen, verschloss sie sich, sobald Konflikte auftraten, zog sich bei Kritik zurück und war nicht mehr ansprechbar. Sie brachte zwar gute Arbeitsleistungen, aber nur dann, wenn sie alleine war. Im Team verlor sie ihre Kreativität und konnte nicht zeigen, wozu sie eigentlich fähig war. Im Grunde hatte sie immer noch Angst, abgelehnt, verspottet und ausgeschlossen zu werden.

Dieses Beispiel zeigt eindrucksvoll, wie stark schulische Ausgrenzung sich auf die persönliche Entwicklung, aber auch auf die Leistungsfähigkeit bis ins Erwachsenenalter auswirken kann. Alles, was an die schulische Situation erinnert, berührt die alten Verletzungen, weckt die Kindheitsängste und schränkt die Leistungsfähigkeit ein.

Sowohl das Gewalt- als auch das Kränkungspotenzial an Schulen ist sehr hoch – nicht nur unter den Schülern, sondern auch unter den Lehrern sowie zwischen Lehrern und Schülern. Es entstehen Programme an Schulen, die Streitschlichter ausbilden, Konfliktfähigkeit einüben und unter dem Motto »Hauen ist doof« versuchen, Kindern beizubringen, sich kränkungs- und gewaltfrei auseinanderzusetzen.[44] Leider gibt es bis heute keine definierten Räume, in denen Lehrer die Kränkungen, die sie durch Schüler oder Kollegen erleiden, bearbeiten können, wie zum Beispiel in Supervisions- oder Balintgruppen. Solche Gruppen können einen Rahmen geben, in dem Probleme, Verletzungen, Unsicherheiten, Überforderungen und dergleichen ausgesprochen werden und mithilfe Dritter Lösungswege für den Alltag gesucht werden. Wie wichtig solche Maßnahmen für die seelische Hygiene wären, zeigt die hohe Zahl der am Burnout-Syndrom leidenden Lehrer. Laut einer Studie[45] sind 43 Prozent der Lehrer in Bayern am Burnout-Syndrom oder einer Vorstufe davon erkrankt. »Ausgebrannte« Lehrer zweifeln nicht nur an ihrer Leistungsfähigkeit, sondern leiden auch unter emotionaler und körperlicher Erschöpfung. Darüber hinaus entwickeln sie »eine negative oder zynische Einstellung gegenüber Vorgesetzten, Kollegen und Kunden«,[46] in diesem Fall also vor allem den Schülern. Zynismus wirkt häufig kränkend, da es sich um eine verdeckte Botschaft mit meist abwertendem Inhalt handelt. Diese Art der Kommunikation kann Schüler ebenso verletzen wie Kollegen.

Doch Kränkungen beginnen häufig schon während der Lehrerausbildung, durch die sich viele Studenten und Referendare eingeschüchtert fühlen. Gute Noten werden nicht nur für einen gelungenen Unterricht vergeben, sondern auch für Anpassung an den Stil der Ausbildungslehrer. Neuerungen und progressive Kritik sind nicht gefragt, weshalb viele sich dem alten Modell unterordnen, eine Sozialisation, die ihre verletzenden Spuren und eine hohe Kränkungsbereitschaft hinterlässt. Bleibt dann auch noch die Anerkennung durch die Schüler und Eltern aus, erhöht sich der Druck, der schon von Seiten des Lehrplans und der Konkurrenz unter den Lehrern stark genug ist. Kein Wunder, dass die Rate der Dienstunfähigkeit und des vorzeitigen Ruhestands bei Lehrern seit Jahren 50 Prozent beträgt, wohingegen sie bei Verwaltungsbeamten oder Vollzugsbediensteten um mehr als die Hälfte niedriger liegt.

»Minderwertige« Tätigkeiten

Gibt es überhaupt minderwertige Tätigkeiten? Die Frage ist, woran sich der Wert einer Arbeit oder Leistung bemisst. Da sich in unserer Gesellschaft der Wert sowohl am Verdienst als auch am Prestige orientiert, werden viele Tätigkeiten als minderwertig etikettiert, obwohl sie für die Gesellschaft, das Zusammenleben und das Wohl aller unabdingbar sind. Ich denke an die Müllabfuhr, Kranken- und Pflegedienste, Hausmeistertätigkeiten und dergleichen. Gleichwohl ist ihr gesellschaftliches Ansehen ebenso gering wie der Verdienst. Auf der anderen Seite gibt es hoch eingestufte Jobs mit großen Verdienstspannen wie beispielsweise im Filmgeschäft, im Tennis und der Formel 1, die jedoch nicht denselben gesellschaftlichen Nutzen besitzen. Gäbe es sie nicht, würden wir weder im Müll ersticken noch unterversorgt im Krankenbett ausharren müssen. Uns würden ein Wirtschaftsfaktor, ein Vergnügen, ein Kunsterlebnis fehlen, aber es würde nicht direkt unser Leben beeinträchtigen.

Ich fand in der Zeitung[47] eine Notiz über den Schauspieler Denzel Washington, der sich mit einer Gage von 20 Millionen Dollar für einen Film überbezahlt findet. »Meines Erachtens ist kein Mensch, egal in welchem Beruf, so viel Geld wert. Für meinen ersten Theaterjob erhielt ich 650 Dollar pro Woche – und fühlte mich dabei auch nicht schlechter.«

Sicherlich hängt die Bezahlung von Jobs von mehr Faktoren als ihrem gesellschaftlichen Nutzen ab. Es spielen Machtinteressen eine ebensolche Rolle wie nationale und globale marktwirtschaftliche Regeln, auf die ich hier nicht weiter eingehe. Interessanterweise halten laut einer EMNID-Umfrage nur 30 Prozent von 1006 Befragten Millioneneinkünfte für unmoralisch, knapp 60 Prozent knüpfen deren Berechtigung an Leistung und Sorge fürs Allgemeinwohl und 10 Prozent lassen sie ohne Einschränkung gelten.[48]

Zum Wert eines Berufs kommen zusätzlich die Faktoren Erfolg und Bekanntheit hinzu. Je berühmter und erfolgreicher, umso prestigeträchtiger die Tätigkeit und die Person, die sie ausführt. Denn der Wert der Arbeit beeinflusst auch den persönlichen Wert.

Auf der anderen Seite kann Ihr Job noch so angesehen sein – wenn Sie darin versagen, fühlen Sie sich minderwertig und werden von anderen auch so gesehen. Dagegen wirkt Erfolg immer selbstwertstärkend, egal bei welcher Tätigkeit.

Halten Sie jedoch wenig von dem, was Sie tun, müssen Sie umso erfolgreicher sein, um vor sich selbst zu bestehen. Kritik an Ihrer Tätigkeit werden Sie wahrscheinlich in diesem Fall besonders kränkend erleben.

Das ist bei vielen Hausfrauen zu beobachten. Obwohl wir wissen, wie wertvoll Hausarbeit ist, nicht nur finanziell, sondern auch, weil sie notwendig ist, um nicht im Chaos zu versinken und die Kinder der Verwahrlosung auszuliefern, empfinden viele Frauen diese Tätigkeit als minderwertig. Besonders dann, wenn sie einen Beruf haben, den sie gerne ausfüllen würden, aber wegen der Kinder, Stellenmangel oder anderer Gründe nicht außer Haus tätig sein können.

So ging es auch Frau Schnell, die zwar gerne für ihre kleine Tochter daheim blieb, aber zugleich ihre Arbeit in der Bank vermisste. Nur kochen, aufräumen und für die Familie zu sorgen machte ihr wenig Spaß. Und noch schlimmer: Sie kam sich minderwertig vor. Sie reagierte daher auch sehr gekränkt, als ihr Schwiegervater ihr verschlüsselt vorwarf, faul zu sein, da sie »nur« daheim sei. Seine Mutter habe wenigstens fünf Kinder großgezogen, da sei das gerechtfertigt gewesen. Auch von ihrem Mann wurde sie nicht unterstützt und ein Bekannter trieb alles auf die Spitze: »Meine Mutter tat in der Mittagspause das, was du den ganzen Tag machst.«

Sie hätte mit einem Lächeln darüber hinweggehen können – nach dem Motto: »Woher weißt du, was ich den ganzen Tag tue? Hast du nichts Besseres zu tun, als mich zu beobachten?« – und ihm damit den Wind aus den Segeln genommen. Das konnte sie jedoch nicht, weil sie selbst eine negative Einstellung zur Hausfrauenarbeit hatte und die Kommentare der anderen im Grunde ihre eigenen Zweifel ausdrückten. Erschwerend kam hinzu, dass ihre Vorstellung von wertvoller Arbeit nur mit geistiger Tätigkeit verbunden war. Allein das Intellektuelle galt in ihrer Familie als wertvoll, nicht jedoch die Hausarbeit.

Ob beispielsweise die Hausfrauenarbeit eine wertvolle oder minderwertige Tätigkeit ist, bestimmen nicht nur gesellschaftliche Normen, sondern auch wir selbst, wobei es große Unterschiede in der Bewertung gibt. Für manche Frauen liegt die Erfüllung in Kindererziehung und Haushalt und für andere bedeutet es eine Erniedrigung. Bei Letzteren kann es vorkommen, dass sie sich im selben Maß abwerten wie die Tätigkeit selbst. Das erschwert die Situation, kränkt sie unnütz und macht sie unglücklich.

Ein hohes Kränkungspotenzial besitzen auch Ausbildungsstellen beispielsweise für Lehrlinge oder Medizinstudenten. Das hat damit zu tun, dass diese Arbeitsstellen am untersten Rand der Machthierarchie stehen und die Positionsinhaber noch im Stadium des Lernens und daher nur teilweise einsetzbar sind. Allerdings kommt es ganz darauf an, wer sie auf welche Weise anleitet, denn Ausbildung an sich ist nichts Kränkendes, sondern wertvoll. Vor allem im Krankenhaus finden sich jedoch stark hierarchische Strukturen, verbunden mit hoher Rivalität und Statusdenken. Daher sind Studenten im Praktikum zwar billige Arbeitskräfte, aber auch in den Augen der Ärzte oftmals »Nichtskönner«. Und das wird ihnen auch deutlich gezeigt, entweder direkt oder durch entwertende Bemerkungen. Es herrscht jedoch auch unter den Auszubildenden ein sehr rauer Ton mit wenig Wertschätzung und Achtung vor dem anderen und dessen Meinung. Lohmer[49] bezeichnet es als eine vorrangige Aufgabe in Organisationen, die narzisstische Balance zwischen den Mitarbeitergruppen und innerhalb der Institution immer wieder herzustellen. Gerade zwischen einzelnen Berufsgruppen bestehen häufig große Spannungen aufgrund erlebter Ungleichheit oder tagtäglicher Entwertungen. So sind beispielsweise die Krankengymnastinnen ein Berufszweig, der bei Ärzten wenig Ansehen genießt, was mit dem Begriff »unsere Knetmäuse« ausgedrückt wird. Auch Krankenschwestern haben es schwer, im System die gebührende Anerkennung zu bekommen, weshalb sie sich entweder selbst zu »Ersatzärzten« aufschwingen oder es die Medizinstudenten spüren lassen, dass auf Station alles nach ihrem Kommando zu laufen hat. Dadurch versuchen sie, ihr angeschlagenes Selbstwertgefühl ins Gleichgewicht zu bringen und sich durch ihre Vormachtstellung eine Aufwertung zu verschaffen. Das hohe Prestige, das Ärzte in unserer Gesellschaft genießen, bestimmt auch deren Rang und Anerkennung innerhalb der Institution. Sie erheben sich über die anderen Berufsgruppen, aber auch über einander, um ihren Status zu sichern.

Statt gegenseitiger Abwertung und Überidentifikation mit der eigenen Berufsgruppe läge eine Lösung in der so genannten Triangulierung, nämlich dem Bewusstsein, dass die eigene und die »gegnerische« Berufsgruppe ein gemeinsames Ziel haben, im Fall des Klinikpersonals die Genesung der Patienten. »Indem die gemeinsame Aufgabe, die Anerkennung der wechselseitigen Abhängigkeit und der Respekt für die unterschiedlichen Kompetenzen wieder ins Zentrum der Wahrnehmung rücken, kann der regressive Sog der Konkurrenz der unterschiedlichen Mitarbeitergruppen untereinander begrenzt werden.«[50]

Kränkung durch drohenden Stellenabbau und Umstrukturierung

Ich mache regelmäßig Supervision in einem Team von Sozialpädagoginnen in einer sozialen Einrichtung, die sich um psychisch kranke Jugendliche kümmert. Es ist eine schwere Arbeit für die dort Beschäftigten, da sie es in vielen Fällen mit schwer persönlichkeitsgestörten Menschen zu tun haben, denen mitunter jede Einsicht in ihre prekäre Lage fehlt. Da es sich nicht um eine Therapieeinrichtung handelt, sind die Möglichkeiten der Einflussnahme auf die Jugendlichen begrenzt und die Probleme im Kontakt mit ihnen ist Inhalt der Supervision. Als ich das letzte Mal zu dem Teamtreffen kam, war die Stimmung sehr gedrückt. Es stellte sich heraus, dass aufgrund von Sparmaßnahmen einige Stellen gestrichen werden sollten. Diese wenig präzise Aussage machte die Runde, keiner wusste wirklich, was los ist, in welcher Abteilung Entlassungen anstehen und ob überhaupt jemand entlassen wird. Es entstanden daher Hypothesen über mögliche Gründe, welche Stellen gefährdet sein könnten. Trifft es die zuletzt besetzte Stelle? Werden ihnen Stellen gekürzt, weil sie nicht immer alle Betreuungsplätze belegt haben? Werden Stellen auf andere Teams verlagert – und wenn ja, wen würde das betreffen? Fragen über Fragen, Spekulationen über Spekulationen. Ich wollte wissen, wie sich die einzelnen Teilnehmerinnen fühlen, woraufhin alle einmütig davon sprachen, dass vor allem ihre Lust an der Arbeit erheblich gesunken sei. »Wozu soll ich mich noch reinhängen, wenn ich nicht weiß, ob ich morgen gehen muss?« Die Stimmung war geprägt von Niedergeschlagenheit, Resignation, aber auch Wut auf die leitenden Vorgesetzten, die sich nicht klar äußerten. Das Beispiel einer Kollegin, die erst einen Tag vor Ablauf ihres befristeten Arbeitsvertrags erfuhr, dass er verlängert wird, schürte den Ärger. »Wenn sie uns nur klar sagen würden, worum es geht und womit wir rechnen müssen, wäre das schon eine Hilfe«, antworteten sie auf meine Frage, was sie unterstützen würde. »So wissen wir gar nichts und hängen völlig in der Luft.« Die Quelle ihrer Gekränktheit war ihr bisheriger Arbeitseinsatz, der durch die Androhung des Stellenabbaus nicht gewürdigt wurde. Trotz schlechter Bezahlung und einer hohen Arbeitsbelastung, zeigten alle ein großes Engagement und mochten ihre Arbeit. Durch die momentane Situation schien alles in sich zusammenzufallen. »Macht es überhaupt Sinn, was wir tun? Können wir bei weniger Stellen noch gute Arbeit leisten?« Sie fühlten sich infrage gestellt, obwohl sie genau wussten, wie wichtig ihre Tätigkeit ist. Die einzige mögliche momentane Entlastung ergab sich durch das Mitteilen und Austauschen von Ängsten, Befürchtungen, Ärger, aber auch neuen Perspektiven, zum Beispiel der Öffnung des Blicks für andere Tätigkeitsfelder oder neue Jobs, die weniger belastend oder besser bezahlt sind. Auch wenn diese Ideen in keine konkreten Handlungen mündeten, so entlasteten sie doch von der momentanen Schwere. Zu hören, wie andere mit derselben Situation umgehen, befreite, bestätigte oder motivierte außerdem. Sich über den Sinn und die Wichtigkeit der eigenen Arbeit mit anderen auszutauschen, führte aus der Resignation und Kränkung heraus. Das war zwar noch keine Lösung, aber ein erster positiver Schritt.

Ebenso wie Stelleneinsparungen lösen auch Umstrukturierungen Unsicherheit und Ängste bei den Mitarbeitern aus. Vor allem dann, wenn sie nicht über den Ablauf und den Hintergrund dieser Maßnahmen informiert werden, Entscheidungen über ihren Kopf hinweg getroffen werden und sie keine Mitsprachemöglichkeit bekommen. Entweder sie lassen sich auf den neuen Posten ein oder sie müssen kündigen. Das löst unterschiedliche Gefühle aus, kann aber auch zu Kränkungsreaktionen führen. So war das auch bei Herrn Schnur, der viele Jahre in einem Team unter der Leitung eines sehr beliebten Chefs arbeitete. Da es sich um einen internationalen Konzern handelte, wurden die wegweisenden Entscheidungen auf höherer Ebene vom Ausland aus getroffen ohne Kontakt zu den deutschen Mitarbeitern. So kam es, dass seine Arbeitsgruppe neu strukturiert und er einem anderen Chef zugeteilt wurde. Er litt einerseits unter dem Verlust des alten Chefs, der für ihn wie eine Art Vaterersatz war. Andererseits fühlte er sich in seiner Tätigkeit abgewertet, da das neue Team aus weniger qualifizierten Mitarbeitern gebildet wurde. Es war, als würde er auf ein Abstellgleis gestellt, ohne etwas an der Richtung mitbestimmen zu können. Obwohl er seine Arbeit mochte, sank seine Arbeitsmotivation und er entwickelte in der Folge sogar psychosomatische Symptome einer chronischen Bronchitis – als wäre ihm der Atem ausgegangen.

Arbeitslosigkeit

In Zeiten steigender Arbeitslosenzahlen und Sozialreformen, welche die Massen auf die Straße treiben, rückt die Angst der Betroffenen immer mehr in den Vordergrund. Die seelische Betroffenheit durch Arbeitslosigkeit wird bei den sozialpolitischen Entscheidungen weitgehend außer Acht gelassen, obwohl die Rate der Depressionen unter Langzeitarbeitslosen sehr hoch ist. Den Arbeitsplatz zu verlieren, weil man entlassen wird, die Firma Konkurs anmeldet, man Rationalisierungen zum Opfer fällt oder man wegen zu großer körperlicher oder seelischer Belastungen oder sogar aufgrund einer Mobbingsituation selbst kündigt, ist für Menschen ein extremer Stressor. Vor allem auch deshalb, weil bei der momentanen Beschäftigungslage befürchtet werden muss, lange Zeit arbeitslos zu bleiben und nicht in absehbarer Zeit wieder eine gut bezahlte und zufrieden stellende Arbeit zu finden. Das Faktum, noch keine neue Stelle gefunden oder zumindest in Aussicht zu haben, wird häufig als persönliches Versagen betrachtet und mit Selbstvorwürfen und Minderwertigkeitsgefühlen beantwortet.

Arbeitslosigkeit wird als demütigend und entwertend erlebt, sie ist mit dem Gefühl der Wertlosigkeit, mit Hoffnungslosigkeit, Hilflosigkeit, ohnmächtiger Wut bis hin zur Resignation verbunden. Arbeitslosigkeit kränkt die Würde des Menschen.

Tolstoi formulierte es auf seine Weise: »Arbeit ist die unerlässliche Voraussetzung des menschlichen Lebens und die wahre Quelle menschlichen Wohlergehens.«[51]

Die Angst und das Versagensgefühl steigen in dem Moment, in dem man im wahrsten Sinn des Wortes ohne »Lohn und Brot« dasteht, den bisherigen Lebensstandard nicht mehr halten und eventuell die Familie nicht mehr ernähren kann. Wer jemals ohne Arbeit oder ohne Aussicht auf eine neue Stelle war, weiß, wie bedrückend das sein kann.

Arbeit sorgt jedoch nicht nur für die materielle Existenz, sondern stärkt auch unser Selbstwertgefühl, befriedigt unser Bedürfnis nach sozialen Kontakten und strukturiert unsere Zeit.[52]

Die Glücksforschung zeigt in einer neuen Studie,[53] dass der Schock durch den Verlust des Arbeitsplatzes nie völlig überwunden wird, auch wenn die Betroffenen wieder einen neuen Job bekommen. Insgesamt waren die Langzeitarbeitslosen unglücklicher als die nur kurzzeitig nicht Beschäftigten. Letztere waren aber auch nie mehr so glücklich wie vor der Arbeitslosigkeit. Die Demütigung scheint so groß zu sein, dass das innere Gleichgewicht kaum oder nur schwer wiederhergestellt werden kann.

Bei der seelischen Verarbeitung von Arbeitslosigkeit scheint es jedoch auch individuelle Unterschiede zu geben, die in engem Zusammenhang mit dem Selbstwertgefühl stehen. So fanden Forscher[54] heraus, dass Menschen, die ein stärkeres Gefühl von Selbstwirksamkeit spüren, Arbeitslosigkeit eher ohne größere seelische Probleme bewältigen.

Selbstwirksamkeit und Selbstachtung sind zwei Aspekte, die zusammen für das Selbstwertgefühl ausschlaggebend sind. Man versteht unter Selbstwirksamkeit ein grundlegendes Gefühl von Stärke, Kompetenz und Vertrauen in die eigenen Fähigkeiten. Selbstwirksamkeit verhindert, durch Arbeitslosigkeit in Hilflosigkeit und Depression zu versinken, die in den meisten Fällen auch auf die Familienangehörigen übergreifen. Fühlen sich die Arbeitslosen darüber hinaus unschuldig an ihrer Misere, schützt sie das zusätzlich vor seelischen Beeinträchtigungen.

Obwohl Arbeitslosigkeit mit ihren psychosozialen und materiellen Folgen eine sehr große Kränkung bedeuten kann und häufig nicht völlig reversible Spuren in der seelischen Befindlichkeit hinterlässt, gibt es trotzdem für die Betroffenen Möglichkeiten, ihr Selbstwertgefühl so weit zu stärken, dass sie nicht mit seelischen oder körperlichen Krankheiten reagieren müssen und handlungsfähig bleiben.

III Kränkungskompetenz

*Erst aus dem Dialog erwächst
gegenseitige Anerkennung.*

Uwe Pütz

Typische Kränkungssituationen

Bevor ich näher auf spezielle Techniken und Möglichkeiten zur Entwicklung von Kränkungskompetenz eingehe, kann es von Vorteil sein, wenn Sie sich über die Struktur Ihrer persönlichen Kränkungserlebnisse im Berufsalltag etwas mehr Klarheit verschaffen. Eine Analyse der Kränkungssituationen, bezogen auf die Menschen, die daran beteiligt sind, die Inhalte, um die es geht, und das organisatorische Umfeld, in dem sie auftreten, ist Voraussetzung, um gezielte Bewältigungsstrategien zu entwickeln, die speziell zu Ihrer Situation passen.

Zu diesem Zweck nehmen Sie sich bitte etwas Zeit, um die folgenden Fragen zu beantworten:

- Wie sieht eine typische Kränkungssituation in Ihrem Berufsleben aus? (Kritik, Ablehnung, Missachtung, persönliche Angriffe, Ausschluss, Konkurrenz, andere sind besser etc.)

_____

_____

_____

- Durch welche Personen fühlen Sie sich am häufigsten gekränkt? (Vorgesetzte, Kollegen, Untergebene, Kunden, Klienten, Patienten ...)

  _____
  _____
  _____

- Was muss Ihr Gegenüber tun, damit Sie gekränkt sind? (Verbale Angriffe; ablehnende Blicke; kein Blickkontakt; mehr mit andern im Kontakt sein als mit Ihnen; vorwurfsvoller Tonfall; Anschreien etc.)

  _____
  _____
  _____

- Wie reagieren Sie gewöhnlich in einer Kränkungssituation? (Eher mit depressivem Rückzug oder mit Wut, mit Erstarren oder aggressivem Ausbruch, mit Beleidigtsein oder guter Miene zu bösem Spiel, mit Arbeitsverweigerung oder vermehrter Anpassung, mit äußerlichem oder innerlichem Kontaktabbruch etc.)

  _____
  _____
  _____

- Wie endet eine Kränkungssituation an Ihrem Arbeitsplatz gewöhnlich?

  _____
  _____
  _____

- Wie endet die Kränkungssituation schlimmstenfalls?

- Welche Möglichkeiten der konstruktiven Lösung stehen Ihnen zur Verfügung?

- Wie geht das System, in dem Sie arbeiten, also Ihre Firma, Ihre Arbeitsgruppe, Ihr Team mit einem Kränkungskonflikt um? (Wird er unter den Teppich gekehrt oder gelöst? Werden Sie unterstützt oder fallen gelassen?)

- Haben Sie Kollegen oder Kolleginnen, auf die Sie sich verlassen können?

- Haben Sie außerhalb des Arbeitsplatzes Vertrauenspersonen, mit denen Sie über den Konflikt sprechen können? Können diese neutral reagieren oder sind sie parteiisch?

- Wie würden Sie gerne mit einer typischen Kränkungssituation im Beruf umgehen? (Schreiben Sie ein neues »Drehbuch« für eine solche Situation unter Berücksichtigung Ihrer Problemlösefähigkeiten und sozialen Kompetenz.)

Diese Fragen mögen Ihnen vielleicht auf den ersten Blick unverständlich vorkommen, doch sie haben einen Sinn. Durch Ihre Antworten können Sie sowohl Ihr Kränkungsproblem als auch Ihre Ressourcen, mit deren Hilfe Sie den Konflikt lösen, deutlicher erkennen. Ressourcen sind Kraftquellen, die Ihnen zur Verfügung stehen. Darunter versteht man in der Psychologie sowohl die persönlichen Fertigkeiten wie soziale Kompetenz, emotionale Intelligenz und Konfliktfähigkeit als auch das Sie umgebende unterstützende System. Je mehr Sie sich in Ihrer Firma eingebunden und mit den Kollegen verbunden fühlen, umso mehr Kraft schöpfen Sie aus diesen Beziehungen. Haben Sie jedoch das Gefühl, dass Sie sich an Ihrer Arbeitsstelle, vielleicht auch noch privat, auf niemanden wirklich verlassen können, werden Sie zu einem Einzelkämpfer. Wo finden Sie dann Halt und Unterstützung? Wer hört Ihnen zu und hilft Ihnen, Ihre Kränkungssituationen zu klären? Denn ein wesentlicher Schritt, um Kränkungen zu überwinden, ist das Gespräch mit einer dritten

Person, bei der Sie Ihre Gefühle ausdrücken und Distanz zum Geschehen bekommen können. Wer niemanden hat, der sollte sich professionelle Hilfe holen in einem Coaching oder in einer Therapie. Denn gerade Kränkungen, unter denen Sie stark leiden, haben meist eine Vorgeschichte, die oft weit zurückliegt und mit Verletzungen verbunden ist. So, wie Sie Ihre körperlichen Wunden säubern und verbinden, damit sie heilen, sollten Sie auch mit Ihren seelischen Blessuren umgehen. Sie brauchen ebenfalls eine gezielte Behandlung, um nicht chronisch zu werden. Die Behandlung von psychischen Verletzungen ist sicher nicht so eindeutig wie von körperlichen, da Sie hierbei mehr im »trüben Wasser« des Unbewussten fischen. Kränkungen zeigen Ihnen jedoch den Weg zu sich. Wenn Sie herausfinden, welche Kränkungsthemen Sie haben, stoßen Sie auch auf die damit verbundenen Verletzungen und können ihnen bewusst begegnen. Dadurch können Sie Kränkungskompetenz entwickeln, die Ihnen ermöglicht, nicht alles persönlich zu nehmen und Verletzungen leichter zu verarbeiten. In meinem Buch *Mich kränkt so schnell keiner* habe ich viele Übungen zur Überwindung von Kränkungen zusammengestellt.

Kommunikation

Kommunikation dient der Übermittlung von Informationen, sei es durch Worte, die Stimme und den Tonfall oder nonverbal durch Gesten, Bewegungen und die Körperhaltung. Abgesehen von Selbstgesprächen findet Kommunikation immer in interaktionalen Beziehungen statt, bei denen zwei oder mehrere Menschen Signale aussenden und aufnehmen. Im Kapitel »Stille Post« habe ich schon auf die Folgen der Sender-Empfänger-Schwierigkeiten hingewiesen, die zu Kränkungskonflikten führen können. Botschaften können nie vollständig gesendet werden, weil vieles von dem, was wir mitteilen wollen, gar nicht kommunizierbar ist – wie Gedanken, Wahrnehmungen und Gefühle, die mit jeder Botschaft verbunden sind. Auf der Seite des Empfängers wird die Botschaft gefiltert, indem er hört, was er zu hören gewohnt ist, und das Gehörte mit subjektiven Interpretationen vermischt. Berücksichtigen wir zudem noch die nonverbale Kommunikation, bei der wir bewusst oder unbewusst mit unserem Körper Informationen aussenden, wird die Spanne möglicher Missverständnisse umso größer.

Aber nicht nur zwischen Menschen ist Kommunikation wichtig, auch in Organisationen hat sie einen hohen Stellenwert. »Die Infrastruktur der Kommunikation ist nämlich das Nervensystem des Unternehmens.«[1] Der fehlgeleitete Informationsfluss in Form unklarer Arbeitsaufträge, unvollständiger Informationsweiterleitung oder mangelhafter Aufklärung ist einer der Hauptgründe für soziale Spannungen und Konflikte in Organisationen. Eine Verständigung auf der personalen Ebene setzt ebenso einen Austausch untereinander und eine Auseinandersetzung miteinander voraus wie auf der betrieblichen Ebene. Durch Kommunikation im Sinne von »sich mitteilen und gehört werden« bekommen Menschen das Gefühl, wichtig und beteiligt zu sein und in Beziehung zu anderen zu stehen. Es kann außerordentlich kränkend sein, wenn wir an unserem Arbeitsplatz ungefragt und uninformiert mit Aufträgen oder Veränderungen konfrontiert werden, die unseren Berufsalltag ausmachen. »Menschen wollen gar nicht, wie vielfach befürchtet, bei allem und jedem mitreden, Einfluss nehmen und Macht ausüben. Sie wollen aber – zumal in turbulenten Zeiten – Entwicklungen und Veränderungen nicht blind ausgeliefert sein. Sie wollen Ziele und Absichten, Hintergründe und Zusammenhänge verstehen, sie wollen wissen, was auf sie zukommt. Sie haben das Bedürfnis, eigene Anliegen mitteilen zu können, und hoffen, dass diese Berücksichtigung finden.«[2] Im Zusammenhang mit den drohenden Schließungen deutscher Opelwerke im Herbst 2004 wurden einige aus der Belegschaft um ihre Einschätzung gebeten. Die meisten litten primär unter der diffusen Angst, nicht zu wissen, was kommen wird, keine Auskünfte zu erhalten und im »luftleeren« Raum zu hängen. Gerade in Krisenzeiten wirkt Kommunikation beruhigend und stärkend, da sie Orientierung bringt und den Beteiligten ermöglicht, sich auf eine Situation einzustellen. Um also mögliche Kränkungen auf Seiten der Arbeitnehmer zu vermeiden, kann es für die Führung in vielen Fällen sinnvoll sein, Informationen so präzise und so schnell wie möglich weiterzuleiten und in einen Dialog zu treten, auch wenn dieses Vorgehen zeitaufwändig ist.

Ich möchte jedoch hier noch einmal auf eine Gefahr hinweisen, die in der Informationsvermittlung um jeden Preis liegen kann, die ich schon im Kapitel »Umgang mit Informationen« erwähnte. Zu viele Informationen können nämlich ebenso kränkend verarbeitet werden wie zu wenige oder keine, vor allem dann, wenn sie einen unangenehmen Inhalt haben. Die Frage, die sich uns stellt, ist nämlich: Was machen wir mit dem Gehörten?

Oft möchten Menschen zwar hören, warum und was von den Führungskräften entschieden und getan wird, reagieren jedoch verletzt oder empört, wenn es für sie negativ ist. Sind sie nicht bereit, es zu verstehen, dann können sie die Informationen nicht konstruktiv nutzen und richten sie sogar gegen sich oder die Leitung. Ihr Zorn bezieht sich dann nicht auf die Tatsache, uninformiert zu sein, sondern auf den entsprechenden Inhalt wie Umstrukturierungen oder Stellenabbau und dergleichen. Damit ist jedoch niemandem geholfen, weder den Mitarbeitern noch den Führungskräften. Ein konstruktiver Dialog setzt erst dann ein, wenn Verständnis auf beiden Seiten vorhanden ist. Der Vorgesetzte muss einsehen, dass Mitarbeiter Erklärungen und Bekanntmachungen brauchen und die Mitarbeiter müssen ihrerseits bereit sein, sie sich anzuhören, ohne gleich zurückzuschießen.

Gegenseitige Dialogbereitschaft ist die Basis jeder guten Zusammenarbeit und die Voraussetzung, um Konflikte zu lösen. Gelegenheiten für Dialoge und formelle Kommunikation bieten sich in einem Unternehmen vielfältig: regelmäßige Teamsitzungen, Führungsbesprechungen im kleinen und großen Kreis, Supervisionsgruppen, Stationsbesprechungen, Visiten, Fallbesprechungen, Betriebsversammlungen und Mitarbeitergespräche, Kundenbefragungen, Austausch mit Konkurrenzunternehmen. Aber auch die Förderung der informellen Kommunikation beispielsweise durch gemeinsame Betriebsausflüge, Feste und persönliche Gespräche dient den Beziehungen. Wie diese Formen des Dialogs angelegt und durchgeführt werden, können Sie in einschlägigen Managementhandbüchern nachlesen.[3]

Dialogbereitschaft

Direkte Kommunikation

Vor dem Hintergrund einer gegenseitigen Dialogbereitschaft ist die direkte Kommunikation eine effektive Methode, um Kränkungen zu vermeiden oder bestehende zu überwinden. Wenn es Ihnen gelingt, mit der Person, von der Sie sich abgelehnt oder verletzt fühlen, in ein Gespräch zu kommen, in dem über den entsprechenden Vorfall gesprochen wird, ist das oft eine gute Lösung. Dasselbe gilt natürlich auch für den Fall, dass durch Sie jemand gekränkt ist und es daraufhin zu einem Konflikt mit ihm kommt. Ein direkter Dialog scheitert allerdings dann, wenn eine Seite nicht bereit ist, sich darauf einzulassen. Sollte eine direkte Aussprache möglich sein, dann berücksichtigen Sie einige Kommunikationsregeln:

- Vermeiden Sie Angriffe und Abwertungen.
- Vermeiden Sie Unterstellungen und Verallgemeinerungen: »Immer sind Sie ungerecht zu mir.«
- Sagen Sie klar und deutlich, was Sie gekränkt hat.
- Vermeiden Sie einen vorwurfsvollen, beleidigten, gequälten oder unterwürfigen Ton, der Distanz schafft und Ansatzpunkt für neue Verletzungen bietet.
- Sagen Sie, was Sie gerne hätten, was Sie brauchen und was Sie nicht möchten.
- Sprechen Sie von sich in Form von Ich-Sätzen und nicht vom anderen. Du-Sätze werden leicht als Vorwurf und Angriff interpretiert.
- Fragen Sie, welches Verhalten Ihrerseits zu dem Konflikt beigetragen hat.

Das signalisiert einerseits dem Gegenüber Ihre Bereitschaft, sich selbst zu hinterfragen, und wirkt dadurch versöhnlich und konfliktentschärfend. Andererseits gibt es Ihnen Aufschluss darüber, was Sie in Zukunft verändern können.

Es ist immer leichter, bei sich selbst Veränderungen einzuleiten, als sie bei anderen hervorrufen zu wollen. Die Gegenseite sollte zuerst einmal nur zuhören.

- Unterbrechen Sie den anderen nicht, sondern lassen Sie ihn aussprechen.
- Hören Sie zu und fangen Sie nicht gleich an, sich zu rechtfertigen oder Ihr Verhalten zu erklären. Dazu haben Sie später immer noch genug Zeit.

- Nehmen Sie zur Kenntnis, was die andere Person Ihnen sagt, und versuchen Sie, sie zu verstehen.
- Zeigen Sie Ihr Bedauern und erklären Sie, dass Sie die andere Person nicht vorsätzlich verletzen wollten. Das sollten Sie jedoch nur dann tun, wenn es auch stimmt.
- Nehmen Sie die Bereitschaft zu verzeihen an, wenn Ihnen der andere überzeugend erscheint.

Je nachdem, wie stark sich jemand verletzt fühlt und wie tief der Konflikt geht, kann er sein Bedauern gleich aussprechen und das Gegenüber zum Einlenken bereit sein. Bei schwerwiegenden Konflikten kann es jedoch eine Weile dauern, bis diese Bereitschaft wächst. Nehmen Sie sich daher die notwendige Zeit dafür und gehen Sie nicht vorschnell auf eine Versöhnung ein, die nicht wirklich stimmig ist. Das könnte sich später rächen.

Im Rahmen der direkten Kommunikation unterscheidet man zwischen verschlossenen und offenen Kommunikationsmustern.

Die verschlossene Kommunikation ist gekennzeichnet durch Bewertungen, Kontrolle, Manipulation, Überlegenheit und Unflexibilität. Die offene Kommunikation dagegen ist problemorientiert und hat eine gemeinsame Lösung zum Ziel. Motive und Absichten werden spontan mitgeteilt, man begegnet sich partnerschaftlich und einfühlend und vermeidet Wertungen und vorschnelle Urteile. Lösungen werden flexibel ausgehandelt.[4]

Dialogbereitschaft auf betrieblicher Ebene

Zur Überwindung von Konflikten oder zur Vermeidung von Konflikteskalationen bis hin zu einem Mobbinggeschehen ist die Dialogbereitschaft auf betrieblicher Ebene ebenso wichtig wie die zwischen den Betroffenen selbst. Dabei kann es sich um Interventionen des Chefs, des Betriebsrats oder eines externen Supervisors oder Coachs handeln. Das Ziel dabei ist, beiden Seiten Gehör zu verschaffen und eine offene und problemlösende Kommunikation einzuleiten. Welche wichtige Rolle dabei die Führungsebene spielt, zeigt sich im folgenden Zitat:

»Unter Experten ist man sich einig, dass Mobbing nur dort im Arbeitsleben gedeihen kann, wo Führungskräfte diesen Prozess durch Wegschauen zulassen, mittragen oder gar selbst initiieren beziehungsweise nicht fähig sind, angemessen darauf zu reagieren. Wenn Vorgesetzte rechtzeitig einschreiten, gibt es kein Mobbing.«[5] Sicherlich darf man nicht die gesamte Verantwortung der Führungsebene zuschieben, doch glaube ich auch, dass Vorgesetzte, die zum offenen Dialog bereit sind, weniger Angst und Hemmungen haben, Probleme wahrzunehmen und auf sie zu reagieren, als andere. Sie sind vielleicht auch schneller bereit, professionelle Hilfe in Anspruch zu nehmen wie Supervision oder Coaching. Wer selbst etwas zu verbergen hat oder um seine eigene Stellung bangt, neigt möglicherweise eher dazu, Konflikte unter den Teppich zu kehren. Diese Haltung kann sich jedoch rächen, indem die verleugneten Probleme sich in verstärkter Form präsentieren wie in chronischen Kränkungskonflikten, Mobbinghandlungen oder Sündenbockrollen.

Bei kleinen alltäglichen Kränkungen ist eine Intervention von Seiten der Führung nicht sinnvoll, es sei denn, der Kränkungskonflikt ist über die Zeit schon derartig eskaliert, dass er von den betreffenden Personen nicht mehr alleine gelöst werden kann.

Nonverbale Kommunikation

Wie schon gesagt, drücken wir Botschaften, vor allem emotionale, auch mit unserem Körper, unserer Mimik und Gestik aus. Dabei zeigen sich in einem Klärungsgespräch für gewöhnlich zwei Varianten: die devote Haltung aus Angst und Scham und die »überselbstsichere« aus Wut oder um damit die Angst und Scham zu überspielen. Übersetzt heißt die erste Haltung: »Du bist der Mächtigere und ich bin klein und hilflos. Bitte tu mir nichts, ich tu dir auch nichts.«

Die zweite bedeutet: »Angriff ist die beste Verteidigung. Glaub ja nicht, dass du mir Angst machen kannst, ich bin stark und unangreifbar.«

Beide Haltungen lösen im Gegenüber unbewusste Reaktionen aus: Die erste, die Opferhaltung, beantworten viele entweder mit Schonung und Abwiegelung, weil sie sich peinlich berührt oder schuldig fühlen und wieder etwas gutmachen wollen. Für andere ist es eine Möglichkeit, noch mal »draufzuhauen« und ihre Macht und Überlegenheit zu demonstrieren. In beiden Fällen wird der Konflikt vermutlich nicht zur Zufriedenheit gelöst werden.

Die übertrieben selbstsichere Haltung provoziert beim Gegenüber entweder Angst und Unsicherheit oder Aggression mit dem Wunsch, den anderen von seinem »hohen Ross« zu stoßen. Subjektiv fühlt sich Überheblichkeit vielleicht stark an, im Kontakt jedoch schafft sie eine Barriere. Keine gute Voraussetzung, um einen Konflikt zu lösen.

Am besten ist also eine Position, bei der Sie, bildlich gesprochen, auf beiden Beinen stehen, Ihre Kraft spüren, eine aufrechte Haltung zeigen und geradeaus schauen. Das verleiht Ihnen Standfestigkeit, Kraft und gibt Unterstützung, die auch Ihr Gegenüber wahrnehmen kann.

Eine Klientin von mir bekam regelmäßig weiche Beine, wenn sie an ihre Kollegin dachte, die sie für viel stärker hielt als sich selbst. Ab der Taille spürte sie ihre Beine kaum noch, was mit einem innerlichen Zusammensacken korrespondierte. Lieber wollte sie resignieren, als sich einer Konfrontation mit ihr auszuliefern. In vielen Sitzungen versuchten wir, ihrer Kraft auf die Spur zu kommen. Dann fand sie für sich ein stärkendes Vorstellungsbild: Wenn sie sich schwach in den Beinen fühlte, stellte sie sich Stützpfeiler an den Seiten sowie vorne und hinten vor, die den fehlenden Halt ausglichen. Dadurch erlebte sie sich nicht mehr so klein und hilflos. Manchmal kann es schon helfen, sich eine Unterstützung vorzustellen, um gestärkt zu werden.

Indirekte Strategien

Gerade im Beruf gibt es viele Situationen, in denen Kränkungen besser nicht direkt an- und ausgesprochen werden, weil sie entweder dem anderen einen möglichen Angriffspunkt bieten oder ein klärendes Gespräch wie unter Freunden keinen Platz im Arbeitsalltag findet. Manchmal reicht deshalb schon eine kurze Nachfrage oder Bemerkung, ob der andere sich durch einen gekränkt fühlt. Wird sie verbunden mit einem Bedauern, kann das dem Konflikt die Schärfe nehmen, weil der Betroffene sich verstanden und in seiner Verletzung ernst genommen fühlt.

Hatten Sie eine Auseinandersetzung mit einem Kollegen und dieser beachtet Sie daraufhin nicht mehr oder ist auffallend kühl beim nächsten Zusammentreffen, können Sie eventuell das Eis zwischen Ihnen brechen, indem Sie ihm sagen: »Sollte ich Sie vorhin gekränkt haben, dann tut es mir leid. Aber ich war so ärgerlich, dass ich nicht überlegt reagieren konnte.«

Bei diesem Beispiel sehen Sie erneut die Schwierigkeit der Sprache. Wir können im Grunde niemanden kränken, denn ob der Kollege durch unsere Bemerkung verletzt ist oder nur mit der Schulter zuckt und denkt: »Was ist denn mit der heute los?«, haben wir nicht in der Hand. Im allgemeinen Sprachgebrauch und im alltäglichen Umgang jedoch wäre die obige Frage richtig und angemessen.

Ein wesentlicher Punkt bei der Auflösung von Kränkungserlebnissen ist die Bereitschaft, dem anderen die Hand zu reichen, indem wir das eigene Verhalten reflektieren und ihm zu verstehen geben, dass wir ihn wahrnehmen und versuchen zu verstehen. Ebenso nehmen wir dankend einen Hinweis und ein Bedauern des anderen an, wenn wir uns verletzt fühlen und uns nicht trauen, es anzusprechen.

Welche Verhaltensweisen können nun von Mitarbeitern in der Zusammenarbeit kränkend erlebt werden? Häufig sind es Nörgeleien, Besserwisserei, Selbstgerechtigkeit oder ständiger Ärger.

Hat Ihr Kollege oder Chef an allem und jedem etwas auszusetzen, dann gibt er Ihnen leicht das Gefühl, schuldig, falsch, schlecht oder minderwertig zu sein. Versuchen Sie, seine Nörgeleien nicht persönlich zu nehmen, sondern grenzen Sie sich ab und bleiben Sie sachlich. Lassen Sie sich Ihre optimistische Sicht und Neugier nicht nehmen und ziehen Sie Ihr Projekt dennoch durch. Wird es erfolgreich, dann können Sie vielleicht sogar diesen misstrauischen Mitarbeiter überzeugen.

Haben Sie selbst auch oft eine negative oder misstrauische Haltung und an allem etwas zu kritisieren? Dann sollten Sie beginnen, sich auf die Schliche zu kommen, denn hinter Nörgeleien und Misstrauen verstecken sich oft persönliche Probleme, möglicherweise alte Kränkungen, die Sie an dieser oder an anderen Arbeitsstellen erlebt haben oder die sogar noch weiter zurückliegen. Der Hintergrund von Misstrauen ist meist Angst und ein überstarkes Bedürfnis nach Sicherheit. Vorsicht ist vernünftig und dient der Sicherheit, Misstrauen dagegen ist zerstörerisch und erzeugt Konflikte. Im Grunde produziert der Misstrauische das negative Ergebnis, vor dem ihn sein Misstrauen bewahren soll, genau damit selbst.

Ein immer alles besser wissender Kollege oder Vorgesetzter wird sich so darstellen, als sei er der Einzige, der wirklich weiß, worum es geht. Oft fehlt ihm ein vernünftiges Maß an Selbstkritik und die Fähigkeit, mit Kritik von anderen umzugehen. Durch seine Selbstüberschätzung neigt er dazu, anderen ein Unterlegenheits- und Hilflosigkeitsgefühl zu vermitteln. Teamarbeit ist mit ihm schwierig, denn er wird versuchen, alles an sich zu reißen, um letztlich die Lorbeeren allein zu ernten. In einer Auseinandersetzung wird er versuchen, andere entweder in einen Kampf zu verstricken oder zu unterwerfen. Beide Formen führen nicht weit, weshalb Sie lernen sollten, ihn zu entwaffnen. Welches ist seine Waffe? Das Besserwissen. Wie können Sie ihn entwaffnen?

- Durch Paraphrasierung: Wiederholen Sie mit Ihren eigenen Worten den sachlichen Inhalt dessen, was er gesagt hat. Damit erreichen Sie zweierlei: Zum einen entschärfen Sie seine Übertreibungen und zum anderen zeigen Sie, dass Sie ihm zugehört haben, ihn ernst nehmen und verstehen wollen. Das schafft Vertrauen und Sicherheit.
- Durch kritisches Nachfragen statt direkte Kritik: Wenn Sie seinen Vorschlag nicht gut finden, sagen Sie das nicht direkt, sondern kleiden Sie ihre Zweifel in eine Frage: »Wenn wir es so machen, wie Sie es vorschlagen, wie können wir dann folgende Probleme verhindern?«

- Loben Sie ihn, wenn er es in Ihren Augen wirklich verdient hat.
- Lassen Sie sich nicht einschüchtern, sondern halten Sie an Ihren eigenen Stärken und Ideen fest.
- Konzentrieren Sie sich auf den sachlichen Inhalt und abstrahieren Sie von den Emotionen, auf die Sie nur mit Ungeduld und Ärger reagieren.
- Profitieren Sie von seinem Wissen.

Wenn Sie etwas tun, das diese Menschen nicht oder kaum können, nämlich Empathie zu zeigen, kann das den Kontakt verbessern. Lassen Sie sich nicht blenden und nehmen Sie den anderen, wie er ist. Seien Sie dennoch ein Gegenüber, mit dem man nicht einfach machen kann, was man will. Je mehr Selbstbewusstsein Sie zeigen, umso mehr Respekt erwerben Sie sich, da Sie nicht auf alle Spielchen eingehen, den anderen aber auch nicht versuchen zu demontieren.

Wenn Menschen ärgerlich sind, neigen sie zu Übertreibungen. Sie klagen uns an, warum wir die Ware »immer noch nicht« geliefert haben, dass »nie« jemand ans Telefon geht oder die Arbeit »schon wieder« liegen geblieben ist. Worte wie »immer«, »nie«, »schon wieder« sind Verallgemeinerungen, die ein Problem ungerechtfertigt vergrößern und Widerstand provozieren. Wir sind gekränkt, weil wir in einem falschen Licht erscheinen, haben den Impuls, uns zu rechtfertigen, und schon sind wir in einen Kampf verstrickt, der sich nur schwer auflösen lässt.

Gehen Sie also nicht auf die Übertreibung ein, reagieren Sie nicht mit einem aggressiven Gegenschlag, sondern bleiben Sie ruhig und versuchen Sie, das Problem auf die Sachebene zu heben. Stärken Sie Ihre Position durch Gegenfragen: »Warum fragen Sie mich das?« oder »Warum, glauben Sie, ist das Problem aufgetaucht?« Damit gewinnen Sie Zeit und bekommen Anhaltspunkte für Ihre Problemanalyse.

Im Zusammenhang mit Kränkungen von Kunden habe ich schon einige Strategien aufgezeigt, die Sie anwenden können. Sie treffen aber natürlich auch auf ärgerliche Kollegen oder Vorgesetzte zu.

- Nehmen Sie die Beschwerde ernst, es könnte was dran sein.
- Geben Sie dem Gegenüber zu verstehen, dass Sie ihn ernst nehmen.
- Deeskalieren Sie den Konflikt, indem Sie mit dem anderen zusammen eine Lösung suchen.
- »Jede ärgerliche Person, die mit Ihnen in Kontakt ist, braucht innerhalb von 10 Sekunden ein Signal, dass sie bemerkt wird.«[6] Sei es ein Wort, ein Blick, eine Handbewegung oder was auch immer, es hilft, die Irritation des anderen aufzuheben.

Ein Wutausbruch ist meist das letzte Glied in einer Kette bereits gefühlten Ärgers. Oft ist der momentane Anlass nur der letzte Tropfen, der das Fass zum Überlaufen bringt. Das passiert bei Menschen, die dazu neigen, »Rabattmarken« zu kleben: Sie sagen lange Zeit nichts, sammeln aber die Ärgeranlässe an und lassen dann ihre gesamte Wut auf einmal heraus. Hinter einem Wutausbruch kann aber auch eine unterschwellige Angst verborgen sein, die sich nur auf diese Weise Ausdruck verschaffen kann, wie im folgenden Beispiel deutlich wird.

Immer wenn der Chef eines mittelgroßen Unternehmens aus dem Urlaub zurückkehrte, ließ er ein Donnerwetter los, wie schlecht seine Mitarbeiter gearbeitet hätten und wie lasch die Führungskräfte gewesen seien. Er machte seinen Ärger an objektiven Zahlen fest, die Bestellungen seien zurückgegangen und die Stornierungen angestiegen. Seine emotionale Reaktion war jedoch überzogen, denn er tat in seiner Wut so, als stehe das Geschäft schon kurz vor dem Konkurs. Die Mitarbeiter waren jedes Mal irritiert, da sie ihr Bestes gegeben hatten, doch sie konnten ihren Chef nur schwer beruhigen. Das gelang erst nach einigen Tagen, wenn dieser wieder Einblick in die laufenden Geschäfte hatte und sah, dass die Firma genauso gut lief wie vor seinem Urlaub. Da dieses Problem immer wieder auftrat, holte sich der Chef Hilfe bei einem Coach. In der gemeinsamen Arbeit wurde deutlich, dass er aus einer existenzbedrohenden Panik heraus reagierte. Die Angst, das Geschäft würde zu Grunde gehen, ließ ihn paranoid reagieren und drückte sich in dem Wutausbruch aus. Im Lauf der Zeit entwickelten die Mitarbeiter mehr Gelassenheit und bezogen den Ärger des Chefs immer weniger auf ihre Arbeitsleistung. Der Chef seinerseits lernte, seine Angst besser zu kontrollieren und seinen Mitarbeitern mehr zu vertrauen.

Auch der Umgang mit leicht kränkbaren Kollegen oder Vorgesetzten erfordert Einfühlungsvermögen und Taktik. Wie ich schon schrieb, können Sie bei einem sehr empfindlichen Gegenüber auch beim besten Willen Kränkungsreaktionen kaum ausschließen, aber dennoch ist es hilfreich, einige Dinge zu beachten:

- Leicht verletzte Menschen haben ein großes Bedürfnis, beachtet und gelobt zu werden. Fühlen sie sich von Ihnen anerkannt, verbessert sich die Zusammenarbeit.
- Bringen Sie etwas Leichtigkeit in den Kontakt, das lockert die Stimmung auf. Humor ist eine gute Medizin gegen Kränkungsgefühle.

Konfliktbewältigung

Eine Schwierigkeit im Zusammenhang mit der Lösung von Kränkungskonflikten besteht darin, dass sie auf zwei Ebenen gleichzeitig ablaufen: auf der Sachebene und auf der Gefühlsebene. Die Lösung auf einer Ebene allein reicht oft nicht aus, um den Konflikt auch in Zukunft zu unterbinden.

Kränkungsreaktionen entstehen im Beruf häufig dadurch, dass Sachkonflikte persönlich genommen werden und dadurch zu Beziehungskonflikten werden.

Übergeht Sie Ihr Kollege immer wieder bei wichtigen Fragen (Sachkonflikt) und verarbeiten Sie das als Zurücksetzung und Abwertung Ihrer Person (Beziehungskonflikt), dann reagieren Sie mit Ärger oder Gekränktheit. In diesem Fall ist aus dem Sachkonflikt ein Beziehungskonflikt geworden, der wiederum Auswirkungen auf die weitere Zusammenarbeit (Sachebene) haben kann. Reagieren Sie mit Kränkungsgefühlen in Form von Vorwürfen, Anklagen, Schuldzuweisungen oder beleidigtem Rückzug, werden Sie weder den Beziehungskonflikt lösen noch die Sachebene positiv beeinflussen. Lösungsorientiertes Verhalten wäre dagegen:

- Sie sprechen das Problem an: »In letzter Zeit haben Sie mich bei wichtigen Fragen jedes Mal übergangen. Warum tun Sie das?«
- Möglich, aber nicht immer nötig und sinnvoll, ist das Artikulieren Ihrer Gefühle, die damit verbunden sind: »Das ärgert mich und ich fühle mich zurückgesetzt.«
- Sie sagen ihm, wie Sie es sich stattdessen vorstellen: »Ich möchte, dass Sie mich rechtzeitig informieren und mich einbeziehen. Genauso werde ich es auch mit Ihnen tun.«

Der Vorteil dieses Vorgehens ist, dass Sie sowohl Vorschläge für die Sachebene anbieten als auch mitteilen, was Sie zu einer guten Zusammenarbeit brauchen.

Ihre Gefühle können Sie ansprechen, das ist aber für die Lösung nicht unbedingt wichtig. Manchmal reicht es, die eigenen Bedürfnisse und Wünsche wahrzunehmen. Sind Ihre Emotionen sehr stark, da Sie beispielsweise an einem wunden Punkt getroffen wurden, ist es ratsam, sich einem neutralen Dritten anzuvertrauen.

Ein zweites Hindernis bei der Lösung von Kränkungskonflikten besteht darin, dass die Kränkungsreaktion selbst ein misslungener Versuch ist, den aktuellen Konflikt zu lösen.

Wenn Ihre Sekretärin sich zum wiederholten Male morgens von Ihnen missachtet fühlt, weil Sie unfreundlich an ihr vorbeigehen und kaum hörbar etwas brummeln, das sich wie »Guten Morgen« anhören könnte, kann das dazu führen, dass sie verletzt und beleidigt reagiert. Sie wird ein böses Gesicht machen, nichts mehr sagen, sich von Ihnen ostentativ abwenden und demonstrativ freundlich zu anderen Kollegen sein. Diese Art ist ihr Versuch, mit der vermeintlichen Zurückweisung durch Sie umzugehen. Sie ignoriert Sie, bestraft Sie mit Nichtachtung und provoziert dadurch möglicherweise Ihren Ärger. Ihr Beleidigtsein verstärkt den Konflikt, statt ihn zu lösen. Sind Sie dagegen jemand, der auf Beleidigtsein mit Schuldgefühlen und Wiedergutmachung antwortet, hätte Ihre Sekretärin ihr Ziel erreicht. Sie reden wieder mit ihr und sie wird wieder freundlich und zugänglich. In beiden Fällen ist der eigentliche Konflikt nicht gelöst, nämlich die Tatsache, dass sich Ihre Sekretärin zurückgesetzt fühlt. Nach dem obigen Muster wäre daher folgende Strategie effektiver:

1. Sie formuliert ihr Problem: »Sie sind morgens immer so unzugänglich und sagen mir gar nicht richtig guten Morgen.«
2. Die dazugehörige Befürchtung lautet: »Dadurch fühle ich mich nicht wahrgenommen und abgelehnt.«
3. Ihr Wunsch: »Ich fände es schön, wenn wir uns morgens begrüßen und die Aufgaben für den Tag besprechen.«

Die Lösung von Beziehungskonflikten, zu denen Kränkungen ja gehören, geschieht nicht durch eine systematische, sachliche Analyse, sondern erfordert den persönlichen Einsatz beider Seiten. »Um einen Beziehungskonflikt zu heilen, bedarf es auf der einen Seite Mut, die verletzten Gefühle anzusprechen, auf der anderen Großmut, das eigene Verhalten zu relativieren und eine Sache auf sich beruhen zu lassen.«[7]

Wie Sie sehen, ist die Lösung von Kränkungskonflikten nicht einfach. Wenn wir ein Problem nicht mit rationalen Strategien aus der Welt schaffen können, sondern unsere Gefühle, Befürchtungen und Wünsche mit ins Spiel kommen, neigen wir häufig dazu, den Konflikt lieber unter den Teppich zu kehren und so zu tun, als existiere er nicht. »Sei doch nicht so empfindlich, so schlimm ist das nun auch wieder nicht«, sagen wir zu uns selbst, schwächen dadurch unsere Gefühle ab und vermeiden auf diese Weise die direkte Auseinandersetzung. Denn es erfordert Mut, den Schritt in den offenen Konflikt zu wagen, weil wir nie wissen, wie unser Gegenüber reagiert. Wir fühlen uns schnell schachmatt gesetzt, wenn wir eine unwirsche Antwort bekommen nach dem Motto: »Was sagen Sie denn da, das bilden Sie sich nur ein!« Unsere Gefühle können wir einem anderen nicht beweisen und so sind wir auf sein Verständnis angewiesen. Bekommen wir es nicht, bleiben wir mit unserem Problem allein, ziehen uns womöglich schnell wieder zurück und probieren es kein zweites Mal. Doch das ist nicht nur schade, sondern sogar ein Fehler. Denn ungelöste Beziehungskonflikte können eine starke destruktive Wirkung entfalten, an der sogar die Zusammenarbeit zerbrechen kann.

Das kooperative Konfliktgespräch

Das Modell des kooperativen Konfliktgesprächs, das für alle Arten von Konflikten anwendbar ist, eignet sich auch zur Überwindung von Kränkungssituationen. Es läuft in sechs aufeinanderfolgenden Phasen ab:[8]

Erste Phase: Kontrolle der Erregung
In dieser Phase kommt es darauf an, die Kränkungsgefühle wie Hass, Kränkungswut, Trotz, Beleidigtsein und Empörung sowie die damit verbundenen Verhaltensimpulse wie Anschreien, Vorwürfe, Türenschlagen und Gewalttätigkeit unter Kontrolle zu bringen. Das setzt die bewusste Entscheidung voraus, auf das destruktive Verhalten zu verzichten, und erfordert die Fähigkeit zur Selbstkontrolle.

Zweite Phase: Vertrauensbildende Maßnahmen
Vertrauen schaffen ist die Basis, um mit der anderen Person eine Lösung des Konflikts in Gang zu setzen. Das setzt Risikobereitschaft voraus, denn Vertrauen kann auch enttäuscht werden. Um Vertrauen aufzubauen, gilt es, den Kampf zu beenden, die Waffen zu strecken und hinter dem Schutzwall aus Angriffen und Vorwürfen hervorzukommen. Das bedeutet, sich auf seine Gefühle und Bedürfnisse einzulassen und sie dem anderen ohne Provokation mitzuteilen.

Dritte Phase: Offene Kommunikation
Offene Kommunikation ist Voraussetzung, um sich immer wieder des gegenseitigen Vertrauens zu versichern, und dient der Klärung der Beziehung. Durch offene Kommunikation werden auch die konkreten Bedingungen für eine Konfliktklärung festgelegt: der Ort, der Zeitpunkt, die mögliche Dauer und die eventuelle Zuhilfenahme Dritter.

Vierte Phase: Gemeinsame Problemlösung
Jetzt wird das Problem definiert, nach einer Lösung gesucht und eine Übereinkunft getroffen. Dabei werden die Wünsche der jeweiligen Parteien berücksichtigt und eventuelle Konzessionen vereinbart.

Fünfte Phase: Abschluss der Lösungssuche durch Vereinbarung
Hier wird die gefundene Einigung durch Regelungen fixiert und abgesichert. Diese legen fest, was jede Seite in Zukunft zu tun und zu unterlassen hat. Der Gewinn ist eine ungehinderte und störungsfreie Arbeitsbeziehung.

Sechste Phase: Persönliche Verarbeitung
Auf der sozialen Ebene ist der Konflikt nun beendet, die persönliche Betroffenheit aber möglicherweise noch nicht. Daher muss jede Konfliktlösung auch innerlich verarbeitet werden, damit sie zu einem Ende kommt.

Der Kreislauf der Konfliktbewältigung nimmt seinen Ausgang bei der Person, die ihn individuell erlebt, führt über die Kommunikation zur Beziehung mit dem Konfliktpartner und über die Lösung des Problems zurück zur Person. Damit schließt sich der Kreis.

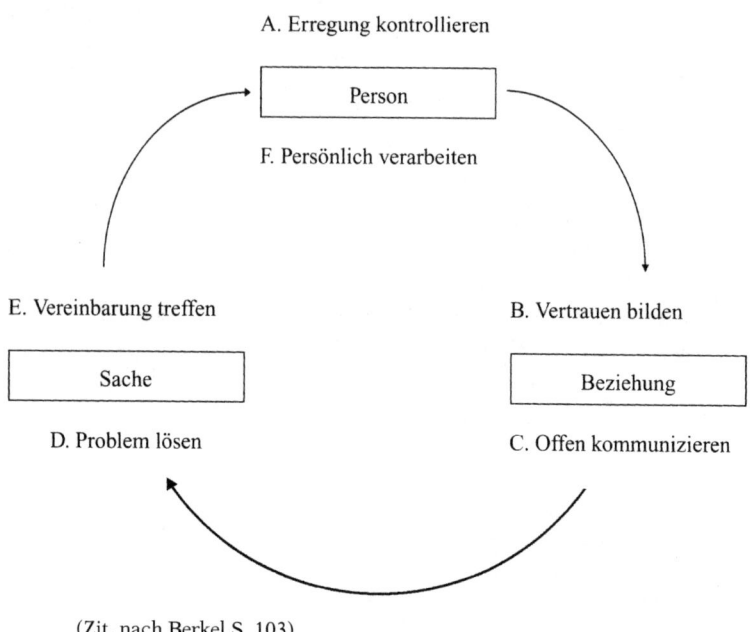

(Zit. nach Berkel S. 103)

»Aufs Ganze gesehen ist der Konflikt ein Phänomen, das das Wechselspiel zwischen Personen, ihren Beziehungen und einer jeweils thematisierten Sache kennzeichnet ...«[9]

Zu einer befriedigenden Konfliktlösung im Zusammenhang mit Kränkungen gehört die Deeskalation des Konflikts, besonders dann, wenn die Gefühle und Spannungen zwischen den Parteien sehr hitzig ausfallen. Deeskalation bedeutet, die Parteien auf ihr eskalierendes Verhalten und deren Konsequenzen für den Fortgang der Auseinandersetzung hinzuweisen sowie verzerrende Wahrnehmungen über die Gegenpartei zu korrigieren.[10]

»Konflikteskalierend wirkt meist, spontan zu reagieren, das Konfliktthema zu personalisieren, die andere Partei zu attackieren beziehungsweise die Beziehungen abzubrechen, Strukturen und Abläufe intransparent zu machen, Streitpunkte auszuweiten und Verbündete zu suchen. Eher deeskalierend wirkt, Konflikte direkt anzusprechen, Konflikte als gemeinsames Problem anzugehen und versöhnlich und humorvoll zu reagieren.«[11]

Die Deeskalation kann eine betroffene Person jedoch auch selbst herbeiführen, indem sie sich bei verbalen Angriffen des anderen auf sich selbst konzentriert, ihre Gefühle registriert und nicht das Gegenüber, sondern sich selbst in den Fokus ihrer Wahrnehmung stellt. Dadurch verhindert sie, mit Gegenangriffen, Vorwürfen und Rechtfertigungen den Streit anzuheizen.

Konfliktfähigkeit und Emotionale Kompetenz

»Jeder Konflikt ist eine Störung, die Person ist, für den Moment wenigstens, irritiert, aufgehalten, kann nicht mehr zielbezogen handeln oder situationsgerecht erleben.«[12] Konfliktfähigkeit bedeutet, trotz des Stresses in der Konfliktsituation flexibel zu handeln und eine Bereitschaft zur Lösung des Problems zu zeigen. Die Person muss also so etwas wie eine innere Dispositionsfähigkeit haben, die es ihr erlaubt, auf andere Weise zu reagieren, als zu erstarren oder auszurasten. Konfliktfähigkeit kann entwickelt werden, indem hemmende psychische Muster abgebaut werden. Zu diesen Hemmungen der Konfliktfähigkeit gehören:

- Selbstunsicherheit
- Misstrauen
- Paranoide Angst
- Sozialer Rückzug
- Instabiles Selbstwertgefühl, mangelndes Selbstvertrauen, Selbstzweifel oder überhöhte Selbstsicherheit

- Übersteigertes Anerkennungsbedürfnis
- Ausgeprägte emotionale Erregbarkeit
- Impulsivität, Aggressivität, Reizbarkeit
- Fehlende soziale Verantwortung
- Mangelnde Eigenverantwortung
- Passive Aggressivität
- Zwanghaftigkeit

Sie entspringen in der Regel negativen, verletzenden, ausgrenzenden oder bedrohlichen Situationen in der Kindheit, welche die seelische Entwicklung in eine bestimmte Richtung beeinflusst haben. Die hemmenden Mechanismen wurden ehemals aufgebaut, um die Seele vor weiteren Verletzungen zu schützen, verursachen heute jedoch oft genau das Gegenteil: Sie machen verletzbarer und angreifbarer. Sie bieten oft den Ansatzpunkt für Kränkungserfahrungen und hindern deren konstruktive Überwindung wie schon beschrieben.

Können diese Hemmungen abgebaut werden, wird sich Konfliktfähigkeit entwickeln. Eine konfliktfähige Persönlichkeit zeichnet sich dadurch aus, dass sie sich zwar auf andere Menschen einstellt, ihre eigenen Ziele dafür aber nicht aufgibt. Ihr Selbstwertgefühl ist so weit stabil, dass sie sich auch im Kränkungsfall auf ihre Stärken verlassen kann und Unklarheiten und Widersprüchlichkeiten aushält. Sie ist fähig, sich ihre eigene Meinung zu bilden, sie zu vertreten sowie Entscheidungen zu treffen und umzusetzen. Sie ist einsichtsfähig in eigene Fehler, kann eigene Meinungen infrage stellen und Kompromisse aushandeln. Sie hat Vertrauen in die Zukunft und kann auch mit aktuellen Enttäuschungen und Misserfolgen umgehen. Sie ist tolerant gegenüber anderen Vorstellungen und dennoch ihren eigenen Werten verpflichtet.[13]

Wie nützt eine solche Konfliktfähigkeit im Kränkungsfall? Die Möglichkeiten der seelischen Verarbeitung sind bei einer konfliktfähigen Persönlichkeit reichhaltiger und ihre Verhaltensmuster sind flexibler, so dass sie eher bereit sein wird, auf destruktives Ausagieren von Kränkungsgefühlen zu verzichten und die Beziehung zu ihrem Gegenüber nicht gleich abzubrechen. Da sie in ihrem Selbstwertgefühl nicht so stark auf dessen Anerkennung und Bestätigung angewiesen ist, wird sie schneller ihr inneres Gleichgewicht wieder finden und den Zugang zu ihren echten Gefühlen herstellen können. Doch auch konfliktfähige Personen sind kränkbar, manchmal sogar sehr stark, nämlich dann, wenn die Verletzung einen wunden Punkt berührt, der ihnen unbekannt ist. Konfliktfähigkeit dient daher zu allererst einer schnelleren Überwindung der Kränkungsreaktion und der Verfügbarkeit vielfältigerer Reaktionsmöglichkeiten. Die Erfahrung, mit seelischen Verletzungen erfolgreich umgehen zu können, kann in der Folge sogar die Kränkbarkeit senken. Wenn jemand beispielsweise gelernt hat, dass Kritik nicht nur wehtut, sondern auch nutzbringend verarbeitet werden kann, sinkt die Angst davor und macht möglicherweise sogar einer Neugier auf Rückmeldungen Platz.

Eine reife Form der Konfliktbewältigung schließt ein, dass ein Mensch fähig ist, erwachsen und an der Realität orientiert zu handeln. »Unreife Formen der Konfliktbewältigung verlängern die kindliche Existenzweise, sie tragen überzogene und nicht der Situation angemessene Gefühlsregungen weiter.«[14]

Zur Überwindung und zur Vermeidung von Kränkungskonflikten ist jedoch nicht nur Konfliktfähigkeit von Nutzen, sondern auch emotionale Kompetenz. »Emotionale Kompetenz ist eine hoch entwickelte – von Liebe und Menschlichkeit geprägte – Fähigkeit, eigene Gefühle wahrzunehmen und sie in ihrem Wesen und ihrer Komplexität identifizieren und verstehen zu können. Dazu gehört auch die Fähigkeit, sich mit anderen Menschen befriedigend auszutauschen und die Gefühle im Bedarfsfall auch kontrollieren zu können ... Wenn wir uns emotional kompetent verhalten, machen wir uns die emotionalen Auswirkungen unseres Verhaltens auf andere Menschen bewusst und übernehmen dafür die Verantwortung.[15]

Emotionale Kompetenz kann im Kontakt mit anderen in drei Stadien gelernt werden:

1. Stadium eins beinhaltet das Geben und Nehmen von Anerkennung, was eine Voraussetzung ist, um sich seinen Gefühlen zu nähern. Kann ich mich nicht anerkennen, so werde ich auch meine Gefühle ablehnen. Kann ich den anderen Menschen nicht anerkennen, so werden mich auch seine Gefühle nicht interessieren und umgekehrt. Anerkennung ist selbstwertstärkend und schafft Vertrauen, um sich zu öffnen und einen anderen anhören zu können.
2. Stadium zwei umfasst das Identifizieren, Benennen und Aussprechen eigener Gefühle, Intuitionen und Fantasien, auch der paranoiden. Die andere Person muss nichts anderes tun, als zu bestätigen, was sie hört.
3. Stadium drei bezieht sich auf das Übernehmen von Verantwortung für Fehler, die wir begehen, wie beispielsweise Druck auf den anderen ausüben oder lügen. Dem folgt eine anschließende Entschuldigung. Dadurch stehen wir zu dem, was wir getan haben, und formulieren unser Bedauern. Die Gegenseite diskutiert nicht mit uns, sondern akzeptiert unsere Aussage und Entschuldigung.

Das Lernen geschieht freiwillig und mit der Übereinkunft, auf Spiele des Dramadreiecks, auf Lügen und Manipulationen zu verzichten. Der Ablauf mag etwas künstlich klingen, wie das leicht bei Beschreibungen von Übungen passiert. Doch wenn sie mit Leben gefüllt werden, indem Personen auf diese neue Art miteinander umgehen, wird die heilsame Wirkung erlebbar.[16]

Der Vorteil emotionaler Kompetenz ist ein sichererer Umgang mit eigenen und fremden Gefühlen. Wenn wir unsere Emotionen kennen, dann können wir sie auch viel besser kontrollieren, statt von ihnen kontrolliert zu werden. Fühlen wir uns durch die Bemerkung eines anderen verletzt, dann verhilft unsere Emotionale Kompetenz dazu, nicht einfach auf ihn loszugehen, sondern uns zurückzunehmen und in einem geeigneten Moment nachzuspüren, welcher wunde Punkt in uns getroffen wurde und welche unserer echten Gefühle im Spiel sind. Wenn wir mehr Klarheit darüber haben, was in uns passiert, können wir auch gezielter und eindeutiger auf den anderen reagieren.

Verantwortung oder schonen?

Sowohl im Zusammenhang mit emotionaler Kompetenz als auch mit Konfliktfähigkeit spielt Verantwortung eine wichtige Rolle.

Wir müssen die Konsequenzen der Auswirkungen unseres Handelns berücksichtigen, egal ob wir jemanden kritisieren, necken, zurückweisen oder ihm gegenüber unseren Ärger ausdrücken. Wir wissen zwar nie, wie der andere unsere Worte und Absichten interpretiert, ob er einschnappt, gekränkt ist oder unberührt bleibt. Für die Art, wie wir jemandem begegnen, haben wir dennoch Verantwortung, ebenso wie für unsere Reaktion, wenn wir uns durch einen anderen verletzt fühlen. Der Ausdruck unserer Kränkungsgefühle und Racheimpulse kann eine immens verletzende Wirkung haben, über die wir uns im Klaren sein müssen. Besonders der Impuls, uns zu rächen, den anderen vorsätzlich verletzen zu wollen, weil er uns gekränkt hat, kann verheerende Folgen haben, bis hin zu psychischer und körperlicher Gewalt. Um das zu verhindern, müssen wir lernen, unsere Gefühle so weit unter Kontrolle zu bringen, dass wir sie sozial angemessen ausdrücken können.

Verantwortung zu übernehmen bedeutet auch, Verständnis und Einfühlung für den anderen Menschen zu entwickeln. Das ist natürlich in privaten Beziehungen leichter als am Arbeitsplatz, da wir persönliche Beziehungen auf der Basis von Sympathie aufbauen. Dadurch erfahren wir auch eher, was beispielsweise hinter der Empfindsamkeit eines anderen steckt, und können uns mit diesem Wissen besser auf ihn einstellen. Wir werden dann möglicherweise Dinge unterlassen, von denen wir wissen, dass er darauf beleidigt oder gekränkt reagiert. Doch diese Rücksichtnahme muss Grenzen haben, vor allem auch im Berufsleben. Denn die Spanne zwischen Einfühlung und Schonhaltung ist nur gering. Gehen Sie als Vorgesetzter zu sehr auf die Kränkbarkeit eines Mitarbeiters ein, halten Sie absichtlich kritisches Feedback zurück oder konfrontieren Sie ihn nicht mit einem Problem, das Sie mit ihm haben, weil Sie befürchten, er könnte ausrasten oder zusammenbrechen, dann begeben Sie sich in seine Hände und richten Ihr eigenes Verhalten nach seinen psychischen Eigenheiten. Das trägt nicht zu einer guten Zusammenarbeit bei. Sie müssen immer die Freiheit haben, so zu reagieren, dass es dem Betrieb, dem Fortgang der Arbeit und der Stimmung in der Belegschaft dient.

Schonung ist eine Haltung aus der Perspektive des Helfers im Dramadreieck, Einfühlung hingegen bedeutet, mit jemandem so zu kommunizieren, dass eine Verständigung möglich wird. Das bedeutet: Erheben Sie keine Anschuldigungen, die nicht bewiesen sind, sondern fragen Sie beispielsweise, wie es zu dem Fehler kam. Auch Vorwürfe, Befehle, ein rauer Ton oder Anschreien verletzen den anderen mit großer Sicherheit und verhindern eine konstruktive Auseinandersetzung.

Selbstwirksamkeit und Selbstachtung

Kränkungsreaktionen schwächen unser Selbstwertgefühl und sind verbunden mit Selbstzweifeln und einer Verunsicherung unseres Identitätsgefühls als Person, als Funktionsinhaber oder als Ausübender eines Berufs.

Das Selbstwertgefühl besteht aus zwei Komponenten:[17] der Selbstwirksamkeit und der Selbstachtung.

Selbstwirksamkeit bedeutet ein grundlegendes Gefühl von Stärke und Kompetenz. Es umschreibt das Vertrauen in die eigenen Fähigkeiten zu denken, zu verstehen, zu lernen, zu wählen und Entscheidungen zu treffen. Durch Selbstwirksamkeit werden wir mit den Herausforderungen des Lebens fertig. Sie ist verbunden mit der Erwartung, dass Erfolge etwas Natürliches und Selbstverständliches sind. Fehlende Selbstwirksamkeit bedeutet, dass wir ein Scheitern statt Sieg erwarten.

Menschen mit hoher Kränkbarkeit sind häufig Menschen, die wenig Vertrauen in ihre eigenen Leistungen haben und schnell neidisch reagieren, wenn andere bevorzugt werden. Sie glauben zudem, dass andere alles besser können und erfolgreicher sind und sie selbst nur wenig Einfluss auf den Fortgang der Arbeit haben. Das sind alles Ansatzpunkte für mögliche Kränkungsreaktionen.

Gestärkt wird unsere Selbstwirksamkeit durch positive Erfahrungen, in denen wir die Früchte unseres Denkens und Leistens ernten. Statt schnell klein beizugeben, setzen wir uns für unsere Ideen ein und verbuchen den Erfolg auf unserem eigenen Konto, nicht auf dem des Glücks oder der anderen. Weitere Quellen der Selbstwirksamkeit sind

- unser Wille, wirksam zu sein,
- unsere Verweigerung von Hilflosigkeit,
- unsere Beharrlichkeit trotz Schwierigkeiten.

Menschen, die in Kontakt mit ihrer Selbstwirksamkeit sind, haben weniger Schwierigkeiten, sich in ein neues Gebiet einzuarbeiten, können sich besser durchsetzen, sich wehren und klarer argumentieren.

Die **Selbstachtung** ist die Erfahrung von Würde und persönlichem Wert. Sie beinhaltet eine bejahende Haltung zu sich selbst, zum eigenen Wert als Person, zum Recht auf Leben und Glück. Selbstachtung bedeutet, dass wir uns wohlfühlen, wenn wir in angemessener Weise unsere Interessen, Wünsche und Bedürfnisse geltend machen können. Sie ist verbunden mit der Erwartung, dass Freundschaften, Liebe und Glück etwas Natürliches und Selbstverständliches sind, und schließt ein von Geburt aus natürliches Recht auf Freude und Erfüllung ein.

Ein Mensch, der an seiner Existenz zweifelt, sich nicht berechtigt fühlt, auf der Welt zu sein, besitzt wenig Selbstachtung. Viele Menschen leiden unter einer so genannten »Sei-nicht-Botschaft«, die ihnen verwehrt, die Welt als den Platz zu sehen, an den sie selbstverständlich hingehören. Oder sie glauben, nur durch Leistung eine Existenzberechtigung zu haben und einen Wert zu besitzen. Ohne Erfolge fühlen sie sich unwert oder sprechen sich sogar ihre Existenzberechtigung ab.

»Um unser Leben erfolgreich bestreiten zu können, brauchen wir Werte, an die wir uns halten und nach denen wir streben können. Um angemessen handeln zu können, müssen wir den Nutzen unserer Handlungen schätzen können. Und wir brauchen das Gefühl, dass wir es wert sind und die Belohnungen verdienen, die aus unserem Handeln erwachsen. Ohne diese Überzeugung wissen wir nicht, wie wir uns um uns selbst kümmern, unsere legitimen Interessen schützen, unsere Bedürfnisse befriedigen oder unsere Leistungen genießen können.«[18]

Selbstachtung umfasst jedoch noch mehr. Sie ist auch die Basis für die Achtung der anderen Menschen. Je ausgeprägter unser Selbstwertgefühl ist, umso mehr können wir andere mit Respekt, Wohlwollen und Fairness behandeln, da wir sie nicht als Bedrohung empfinden. Haben wir aber Angst und fühlen wir uns wertlos, werden wir anderen eher mit Misstrauen begegnen, was wiederum Aggression, Entwertung und Kränkung bewirken kann.

Wir sehen also, dass das Selbstwertgefühl viel mehr ist als nur ein gutes Lebensgefühl. Es ist die Grundlage für das Leben und die Funktionstüchtigkeit des Menschen. Dennoch ist ein gut entwickeltes Selbstwertgefühl weder ein Allheilmittel noch ein Patentrezept. Das Selbstwertgefühl ist keine Garantie für Erfüllung, aber eine notwendige Voraussetzung für unser Wohlbefinden und geringere Kränkbarkeit.

Von der Kränkung zur Problemlösung

In einer Gegenüberstellung möchte ich den Unterschied zwischen einer Kränkungsreaktion auf einen Konflikt und einer problemlösenden Haltung darstellen.

	Kränkungsreaktion	Problemlösung
Verhalten	Vorwürfe, Wutausbrüche, Beleidigt abwenden, Zerstörung, Gewalt, Kontaktabbruch	Sachliche Kritik, Kontrolle, Beherrschtsein, Kontakt wird gehalten oder zeitweise schützende Distanz
Gefühle	Ersatzgefühle: Trotz, Ohnmacht, Empörung, Racheimpulse, Leiden	Echte Gefühle: Wut, Angst, Schmerz, Scham
Denken	Selbstzweifel: Ich bin nichts wert. Selbstüberschätzung: So eine Unverschämtheit! Paranoides Denken: Der andere will mir Böses. Rachegedanken	Problemlösendes Denken. Was ist das Problem? Gibt es eine Lösung? Was brauche ich, wogegen setze ich mich zur Wehr? Ich bin o.k. – du bist o.k.
Körper	Erstarren, Atem stockt, Verspannungen, Stressreaktionen des Körpers, psychosomatische Schmerzen + Krankheiten, unspezifische Spannungsabfuhr	Atmen und Spüren, körperliche Symptome wahrnehmen und auf sie reagieren, Entspannung + Spannungsabfuhr
Bedürfnisse	Narzisstische Bedürfnisse werden enttäuscht, das Selbstwertgefühl wird nachhaltig angegriffen, es geht nicht um den Inhalt, sondern um Zurückweisungen und Verletzungen	Bedürfnisse spielen ebenso eine Rolle wie der Inhalt des Konflikts. Narzisstisches Gleichgewicht kann ausbalanciert werden
Lösungsversuche	Stolz, Recht haben wollen, Opfer-Täter-Spiele, der andere ist schuld, Rückzug oder Kampf, kaum Dialogbereitschaft, Verhärtung der Fronten oder Trennung im Streit	Verantwortung. Was ist mein Anteil, was deiner? Dialogbereitschaft, Suche nach Lösungen, gegenseitige Anerkennung der Andersartigkeit + Unterschiedlichkeiten, Kompromisse oder einvernehmliche Trennung

Die Problemlösungsstrategie geht davon aus, dass ein Konflikt ein gemeinsames Problem beider Seiten darstellt, das grundsätzlich lösbar ist und dessen Lösung beiden Parteien Vorteile bringt. Die Kränkungsreaktion dagegen sieht die Schuld beim »Feind«, der für die Kränkung verantwortlich ist und das Problem aus der Welt schaffen muss, indem er die angerichtete Verletzung wieder gutmacht. Sofern er überhaupt noch die Gelegenheit dazu bekommt, weil nicht selten eine hohe Unversöhnlichkeit auf Seiten des gekränkten Menschen besteht: »Das verzeih ich dir nie!«

Das Ziel der Überwindung von Kränkungsreaktionen ist ein problemlösendes Verhalten, bei dem Konflikte nicht mit Selbstwertschwächung beantwortet werden, sondern auf einer sachlichen Ebene ausgetragen werden.

Integration der Lebenswelten

Ansatzpunkt für Kränkungen bieten Diskrepanzen in den drei Lebenswelten, in denen Menschen sich bewegen und die unterschiedliche Rollenanforderungen an sie stellen.[19]

Die erste Lebenswelt ist die **Privatwelt** mit dem vertrauten Umfeld der Familie, Verwandten, Freunde und Bekannten. Hier spielen persönliche Vorstellungen und Einstellungen ebenso eine Rolle wie die individuelle Lebensgestaltung. Die Rollen dieser Ebene sind Familienvater, Freundin, Ehefrau, Mutter …

In der **Organisationswelt** geht es um die Funktion, die eine Person im Beruf innehat wie Sachbearbeiter oder Abteilungsleiter. Diese Funktion ist unabhängig von der Person, die sie ausfüllt, und die damit verbundenen Regeln gelten für jeden, der in dieser Funktion arbeitet.

Die **Professionswelt** bezieht sich auf einen bestimmten Beruf wie Arzt, Verkäufer, Sekretärin. In welcher Funktion diese Profession ausgeübt wird, ist davon unabhängig. Ist beispielsweise ein Ingenieur arbeitslos, so bleibt er trotzdem Angehöriger dieser Berufsgruppe und erfüllt in der Organisationswelt die Rolle des Arbeitslosen.

Ansatzpunkte für Kränkungserlebnisse können in Konflikten zwischen den einzelnen Ebenen und den damit verbundenen Rollen liegen. So kann ein Mensch in seiner Funktion als Klinikleiter davon überzeugt sein, dass eine Reduzierung der Kosten für die stationäre Behandlung psychisch Kranker unbedingt notwendig ist, in seiner Profession als Psychotherapeut lehnt er dagegen Einsparungen ab, weil diese auf Kosten der Patienten und der Qualität der Therapie gehen. Ist er jedoch zu Sparmaßnahmen gezwungen, kann das seine professionelle Ehre als engagierter Psychotherapeut angreifen.

Ein Konflikt zwischen persönlicher und Funktionsebene liegt beispielsweise vor, wenn es um die Entlassung eines Mitarbeiters geht. Ein Personalchef hat in seiner Funktion dafür Sorge zu tragen, dass die Stellen mit den richtigen Leuten besetzt sind. Als Person fällt es ihm schwer, jemanden entlassen zu müssen, auch wenn der Betreffende die an ihn gestellten Anforderungen nicht erfüllt. Die Kränkung für den Personalchef kann auf der professionellen Ebene darin liegen, dass er es als sein Versagen interpretiert, die falsche Person eingestellt zu haben. Auf der persönlichen Ebene läge die Enttäuschung darin, seine Werte von Menschlichkeit und Güte zu vernachlässigen. Der Mitarbeiter wird in seiner Funktionsrolle vielleicht erleichtert auf die Entlassung reagieren, wenn ihn die Aufgabe überfordert hat. Als Person dagegen wird er den Verlust des Jobs wahrscheinlich als Versagen verbuchen und mit Kränkungsgefühlen reagieren.

Kränkungsreaktionen können auch mit einer Spaltung zwischen Person und Position zusammenhängen. Diese liegt vor, wenn jemand das Gefühl hat, dass die Stellung, die er einnimmt, eigentlich nicht zu ihm gehört. Er ist zwar Professor, Lehrer, Richter, vielleicht auch erfolgreich und gut, aber er erlebt sich von dieser Profession getrennt. Als wäre es nicht er, der diesen Beruf ausübt. Dieser Spaltung liegen meist Zweifel über die eigenen Fähigkeiten, eine mangelhafte Selbstwirksamkeit und ein verzerrtes Selbstbild zugrunde. Die Person nimmt sich weniger kompetent wahr, als sie real ist, und kann diese Fehleinschätzung trotz Diplom, Promotion und Anstellungsvertrag nur schwer korrigieren. Als Positionsinhaber füllt er den Beruf aus, als Person erlebt er Minderwertigkeitsgefühle bezogen auf seine Arbeit. An dieser Stelle können dann die Kränkungsreaktionen einsetzen, sobald er mit Kritik oder fehlender Anerkennung konfrontiert ist. Dadurch werden die Selbstzweifel und negativen Selbsteinschätzungen aktiviert, auf die er mit Versagensgefühlen und Selbstentwertung reagiert.

Es stellt sich die Frage, ob dieses Phänomen bei Frauen häufiger auftritt als bei Männern. Ich könnte es mir vorstellen, da Frauen eher dazu neigen, sich in Frage zu stellen, und erst allmählich ihre Berufstätigkeit als selbstverständlich betrachten, was Männer schon lange gewohnt sind.

Ein weiterer Grund für die Nicht-Kongruenz zwischen Person und Profession kann die Demotivation sein, wenn der Job, den jemand ausübt, nicht seinem wahren Interesse entspricht. Das zeigt sich in der Generation der heute 40-Jährigen häufig, da sie als geburtenstarke Jahrgänge zwar einen Hochschulabschluss gemacht haben, dann aber keine Stelle bekamen und einen Ersatzjob annehmen mussten, um Geld zu verdienen. Der Taxi fahrende Soziologe oder die Germanistin als Sekretärin sind Beispiele dafür. Meist ist mit dieser Situation eine chronische Unzufriedenheit verbunden, weil sich die Menschen ihren Beruf anders vorgestellt haben. Eine Kränkung ihrer professionellen Würde kommt oft noch hinzu.

Das Ziel der Veränderung ist eine Integration der drei Welten, um die theoretische Spaltung zwischen Mensch und Rollenträger aufzulösen und einem damit verbundenen Kränkungspotenzial entgegenzuwirken. Eine vollständige Kongruenz der jeweiligen Rollenerwartungen ist sicherlich kaum zu erreichen, dafür aber eine Bewusstheit, dass die Entscheidung auf der einen Ebene Auswirkungen auf die anderen Ebenen hat. Keine Lebenswelt existiert unabhängig von der anderen und daher ist es wichtig, sich zum einen die unterschiedlichen Lebenszusammenhänge bewusst zu machen, zum anderen eine Verbindung zwischen ihnen herzustellen, indem man die Diskrepanzen anerkennt und integriert.

Es ist nur begrenzt möglich, Persönlichkeit ausschließlich im privaten Bereich zu leben. »Privat bin ich Mensch und in der Organisation mache ich eben einen Job und beuge mich den Sachzwängen.« Diese Haltung bedeutet eine Abspaltung der ethischen Seite in den privaten Bereich.[20] Existiert hier der Mensch und dort der Funktionsträger und Professionsinhaber, dann »entstehen Risse in der Persönlichkeit, die einen Verlust an Würde und Integrität bedeuten«.[21]

Integration der Lebenswelten bedeutet, die Person, die Funktion und den Beruf auf eine Weise zusammenzubringen, dass die Person weiß, was sie tut, dieses gutheißt und nicht an ihren eigenen Bedürfnissen vorbei arbeitet und lebt.

Coaching, Therapie, Supervision und Mediation

Es wurde schon oft auf die Formen professioneller Hilfe wie Coaching, Beratung, Therapie und Mediation hingewiesen. Nun möchte ich sie kurz erklären und ihren Nutzen für die Überwindung von Kränkungskonflikten beschreiben.

Bezogen auf berufsspezifische Probleme ist sicherlich das Coaching oder die Beratung eine weit verbreitete Interventionsmethode, wobei der Begriff Coaching nicht einheitlich gebraucht wird. Seine Bedeutung reicht heute von reiner berufsbezogener Beratung bis zur Beratung in allen Lebenslagen.

Im Zusammenhang mit diesem Buch möchte ich mich nur auf das Coaching im Arbeitsbereich beschränken. In diesem Sinne hat Coaching die Verbesserung der professionellen Kompetenz und der Selbstverwirklichung im Arbeitsleben zum Ziel. Der Coach bietet seine Unterstützung an, damit sich die ratsuchende Person entfalten und entwickeln, ihre Eigeninitiative wecken und die Selbstentwicklung fördern kann. Hilfreich ist das Coaching für Personen, die in einen Kränkungskonflikt verwickelt sind, in zweierlei Hinsicht:

- Die Lösungskompetenz kann unterstützt und gestärkt werden.
- Der persönliche Anteil kann bearbeitet werden:
- Warum bin ich in diesen speziellen Kränkungskonflikt geraten?
- Warum gerate ich immer wieder in Situationen, in denen ich mich verletzt, zurückgesetzt oder ausgeschlossen fühle?
- Wie kann ich verhindern, dass andere sich durch mich so häufig verletzt und zurückgewiesen fühlen?

Die im Coaching angewendeten Methoden variieren je nach Ausbildung des Beraters. Eine Methode, die ich sehr gerne anwende, ist der vorgestellte Dialog. Die Methode stammt aus der Gestalttherapie und besteht darin, mit dem Gegenspieler ein Gespräch zu führen, als wäre er da. Doch er sitzt nur in der Vorstellung dem Klienten auf einem leeren Stuhl gegenüber. Die Aufgabe besteht nun darin, die fantasierte Anwesenheit des anderen auf sich wirken zu lassen. Oft hat allein die Vorstellung, der andere säße einem gegenüber, schon eine emotionale Reaktion zur Folge. Es geht darum, mit dem vorgestellten Gegenüber in einen Dialog über die erlebte Kränkung zu kommen und ihm die eigenen Gefühle und Wünsche mitzuteilen. Das ist gar nicht so leicht, wie es klingt. Denn es kann beispielsweise sein, dass jemand sehr ärgerlich, vielleicht sogar voller Hass auf seinen Vorgesetzten ist, weil er sich permanent entwertet und zurückgesetzt fühlt. Zugleich spürt er den großen Wunsch, von ihm anerkannt und gelobt zu werden. Es fällt ihm jedoch sehr schwer, dieses Bedürfnis auszudrücken, weil er sich dadurch geschwächt fühlt und er sich in seinen Augen eine Blöße geben würde. Das will er seinem Gegenüber auf keinen Fall »gönnen«. Um stark und unangreifbar zu wirken, verleugnet er lieber diesen Wunsch. Eine solche Haltung resultiert aus Misstrauen und Angst vor erneuter Ablehnung und verhindert eine Auflösung des Kränkungskonflikts. Denn um sich nicht schwach zu fühlen, ist er gezwungen, in seiner Kränkungswut zu verharren. Die Methode des Dialogs bietet eine gute Möglichkeit, um in einem geschützten Rahmen, wie ihn eine Beratung bietet, eine Annäherung an abgelehnte und unangenehm empfundene Gefühle und Bedürfnisse zu wagen. Das Ziel ist, sie in die Persönlichkeit zu integrieren und damit die Kränkbarkeit zu reduzieren.

Eine Variante dieses Dialogs ist der Wechsel der Stühle: Der Klient wechselt von seinem Stuhl auf den des Gegenübers und spürt nach, wie es ihm auf diesem Platz ergeht. Dadurch nimmt er bewusst wahr, welches innere Bild er sich von ihm macht. Vielleicht nimmt er wahr, dass dieser Mensch eigentlich vor ihm, dem Klienten, Angst hat, oder er es im Grunde nicht böse mit ihm meint, sondern nicht an ihn herankommt. Oder er spürt eine deutliche Ablehnung. Wie auch immer die vorgestellte Reaktion des Gegenübers ausfällt, sie beeinflusst das Befinden des Klienten und seine innere und äußere Haltung dem anderen gegenüber. Das Ziel dieses Dialogs ist es, dass beide Seiten in einen echten Kontakt kommen, miteinander reden, sich spüren und dadurch Gefühle, aber auch Erkenntnisse und Lösungsvorschläge zu Tage treten. Das gelingt nicht beim ersten Mal, bringt aber dennoch wichtige Informationen. Durch die Erfahrung im vorgestellten Dialog kann es dann in der realen Beziehung zu einer Veränderung kommen.

Eine ähnliche Methode ist das Rollenspiel. Der Klient spielt dabei sich selbst, und eine andere Person übernimmt die Rolle des Gegenspielers. Das Kränkungsgeschehen wird nachgespielt, um Lösungswege zu finden, wie der Konflikt beendet werden könnte. Der Klient kann dann in die Rolle seines Gegenübers wechseln und die Szene aus dessen Blickwinkel betrachten. Das bringt zusätzliche wertvolle Informationen.

Kurz möchte ich noch auf die Methode der systemischen Aufstellung eingehen, da sie in der letzten Zeit immer populärer geworden ist. Im Bereich von Arbeitskonflikten spricht man von Organisationsaufstellungen. Der Inhalt der Aufstellungen kann ein Team eines Unternehmens sein, eine Abteilung oder die Beziehung verschiedener Abteilungen untereinander. Es können aber auch einzelne Kollegen oder Kunden sein, je nachdem, wo und mit wem der Kränkungskonflikt besteht. Ziel ist, in kurzer Zeit Zusammenhänge, Verstrickungen und Dynamiken zu erkennen und Lösungen zu finden.

Wenn man in der Gruppe arbeitet, versucht man mithilfe der anwesenden Personen den zu klärenden Konflikt darzustellen. Dabei arrangiert die Person, deren Konflikt bearbeitet werden soll, die Gruppenteilnehmer in der Weise, wie sie diese im Alltag erlebt. Sie sind dann die Protagonisten für die realen Personen.

Ein Vorgesetzter (Herr 1) beklagt sich über seinen Mitarbeiter (Herr 2), weil dieser sich ständig in den Vordergrund spielt und ihn, Herrn 1, nicht respektiert, obwohl er ihm vorgesetzt ist. Das geht so weit, dass der gemeinsame Chef ihn auch schon übergeht und sich stattdessen an Herrn 2 wendet, wenn es um Arbeitsaufträge oder sogar Entscheidungen innerhalb der Abteilung geht, in der Herr 1 eigentlich die Leitung hat. Er leidet sehr darunter, fühlt sich gekränkt und übergangen und gibt Herrn 2 die Schuld an seinem Problem: Nur weil dieser sich vordrängt, wird er selbst rausgedrängt. Da er sich nicht mehr zu helfen weiß, macht er eine Aufstellung.

Er soll alle drei Personen, die an dem Konflikt beteiligt sind, so im Raum platzieren, wie er es erlebt. Er stellt die Personen folgendermaßen auf:

Chef   Herr 2   Herr 1

Allein schon aus diesem Arrangement erkennt er das Problem: Der Chef hat nur Herrn 2 als Gegenüber, da er selbst so hinter diesem steht, dass er gar nicht mehr sichtbar ist. Er überlässt Herrn 2 die Position, die er selbst im Grunde einnehmen müsste. Auf diese Weise kann keine Kommunikation zwischen ihm und seinem Chef entstehen. Der

Protagonist für Herrn 1 spürt auf seinem Platz nur Rivalität, Enttäuschung und Schuldzuweisungen an Herrn 2. Er bleibt passiv, hat keinen Impuls, Herrn 2 zur Seite zu schieben, sondern ist wie angewurzelt. Der Protagonist von Herrn 2 fühlt sich stark, da er von zwei leitenden Mitarbeitern flankiert wird und seine besondere Stellung genießt. Durch Herrn 1 fühlt er sich nicht bedroht, sondern eher noch gestützt, hat jedoch keine emotionale Beziehung zu ihm. Im Grunde wertet er ihn ab und hält ihn für einen Waschlappen. Der Protagonist für den Chef hat kein Interesse an dem Kleinkrieg zwischen Herrn 1 und Herrn 2 und verlässt sich auf diesen, weil die Arbeit vorgeht und der »Laden laufen muss«. Mit wem ist ihm egal.

Herr 1 steht im Regen, weil ihm die Aggression fehlt, Herrn 2 von dem Platz zu vertreiben, der eigentlich ihm zusteht.

Es wirkt wie eine Analogie, dass Herr 1 unter starker Parodontose leidet und daher Zähne überkronen lassen muss, als übergebe er alle Aggression dem Kunststoff.

Die Aggressionshemmung hindert ihn, die Situation zu verändern.

An dieser Stelle wäre der erste Teil der Aufstellung beendet, nämlich die Konfliktsituation sichtbar zu machen und zu verstehen. Ein nächster Schritt könnte sein herauszufinden, was Herrn 1 hemmt, seine Aggression zu leben. Vielleicht könnte ihm Unterstützung durch seinen Vater, seine Mutter oder einen anderen Menschen helfen. Auch wäre es interessant zu sehen, was passiert, wenn der Chef eine andere Position einnähme, in der er beide sehen kann.

Chef

Herr 2   Herr 1

Und wie ginge es den Protagonisten in der folgenden Szene:

Chef

Herr 1

Herr 2

Könnte Herr 1 nun seine Führungsrolle reklamieren?

Wird eine Aufstellung im Rahmen eines Einzelcoaching gemacht, ersetzt man die Protagonisten durch Kissen und lässt den Klienten alle Positionen nacheinander erleben. Zuerst stellt er sich auf das Kissen, das ihn repräsentiert, und danach auf die anderen. Damit spürt er die Unterschiede der jeweiligen Positionen und seine Reaktionen darauf.

Eine andere Form professioneller Hilfe für den beruflichen Sektor ist die Supervision, bei der ein externer Supervisor oder ein als solcher geschulter Psychotherapeut mit einem einzelnen Kollegen oder einem ganzen Team arbeitet. Entweder werden Fälle und die damit verbundenen Probleme oder Verwicklungen des Therapeuten besprochen oder es steht mehr die Teamdynamik im Vordergrund. Supervision ist daher auch ein Medium, Kränkungskonflikte zwischen Mitarbeitern aufzuarbeiten.

Mithilfe des Supervisors sollen die hinter der Kränkung verborgenen Konflikte zwischen den Kollegen aufgedeckt werden, zum Beispiel der Neid eines Kollegen auf den anderen, den er durch Sticheleien und Abwertungen ausdrückt. In der Supervision können aber auch Kränkungskonflikte zwischen einzelnen Abteilungen oder Berufsgruppen bearbeitet werden. Besonders in multiprofessionellen Teams oder Einrichtungen gibt es häufig Kompetenzstreitigkeiten oder Rivalitäten zwischen einzelnen Berufsgruppen wie Krankenschwestern, Ärzten, Psychologen und Sozialpädagogen. Die gegenseitigen Abwertungen kommen in der Supervision ebenso zur Sprache wie mangelnde Anerkennung. Nicht nur das Pflegepersonal möchte hören, dass es gute Arbeit macht, auch die Ärzte und Psychologen sind auf Anerkennung durch die anderen Berufsgruppen angewiesen. Im Grunde trifft das für alle Professionen zu.

Der Übergang von Coaching und Supervision zur Therapie ist fließend, denn wenn der Klient sich einlässt, kann es sein, dass er auf ein tiefer liegendes seelisches Problem stößt, das einer psychotherapeutischen Behandlung bedarf. In diesem Fall ist es nötig, das Coaching / die Supervision in eine Therapie umzuwandeln, sofern der Coach auch Psychotherapeut ist. Andernfalls muss für den Klienten ein Psychotherapieplatz gefunden werden.

Coaching hat gegenüber der Therapie einige Besonderheiten. Es ist kürzer und findet sporadisch nach Bedarf statt, denn es braucht keinen kontinuierlichen Rahmen wie eine Therapie. Die Beziehung zwischen Ratsuchendem und Coach ist distanzierter, sachlicher und weniger von Übertragungsprozessen geprägt. Es geht primär um ein begrenztes Thema, bei dem die Rat suchende Person Entscheidungshilfen oder Klärung benötigt, und weniger um ein psychisches Problem. Im Wesentlichen trifft das auch für die Supervision zu, deren Schwerpunkt die Besprechung einzelner Therapiefälle ist.

In der Therapie können seelische Probleme durchgearbeitet werden – mit dem Ziel, alte Verletzungen zu heilen und dadurch die Kränkungsbereitschaft zu reduzieren. Das Stichwort »Heilung des inneren Kindes« könnte die Überschrift für die Therapie eines kränkbaren oder gekränkten Menschen sein. Die aktuelle Kränkungsbereitschaft beruht in der Regel auf alten, nicht verheilten Verletzungen, die das Kind erlebte. Die Rückbesinnung auf und die Annäherung an dieses Kind sind meist schmerzlich und von vielen Widerständen begleitet. Es macht Angst, den Verletzungen wieder zu begegnen, die so gut verdrängt waren. Doch das Ziel der Therapie ist die Integration des verletzten Kindes in das Erleben des Erwachsenen und die damit einhergehende allmähliche Heilung der Wunden.[22]

Zur Behandlung von gekränkten Menschen gehören des Weiteren die Stärkung des Selbstwertgefühls und der Selbstwirksamkeit, um Konflikte zu verarbeiten. Das bedeutet:

- Nicht jeden Sachkonflikt zum Beziehungskonflikt zu machen
- Nicht jedes Verhalten negativ auf sich zu beziehen
- Die Selbststeuerung und -kontrolle zu erhöhen, um Kränkungsgefühle nicht auszuagieren
- Den Zugang zu den echten Gefühlen zu ermöglichen
- Bedürfnisse wahr- und ernst zu nehmen und auszudrücken

Als Letztes möchte ich noch kurz die Mediation erwähnen, die als Methode der Streitschlichtung immer wichtiger wird. Mediation heißt übersetzt Vermittlung und wird bei Streitfällen im außergerichtlichen Bereich eingesetzt: bei Trennung und Scheidung, in der Schule und in Betrieben.

Unter Mediation versteht man eine alternative Form der Konfliktlösung, bei der mithilfe eines Mediators die Streitparteien eine für beide Seiten akzeptable Lösung suchen. Auf der Ebene von Freiwilligkeit und Vertrauen werden die anstehenden Probleme zuerst einmal genau beschrieben und die Fakten analysiert. Gemeinsam werden dann neue Perspektiven entwickelt, um die Einsicht zu fördern, dass es auch konstruktivere Lösungsmöglichkeiten gibt als die bisher angewandten. Eine für beide Seiten gewinnbringende Lösung wird am Ende vertraglich fixiert.

Für alltägliche Kränkungskonflikte ist diese Methode ungeeignet, aber sie bewährt sich im Falle größerer Störungen zwischen den Mitarbeitern. Das Ziel der Mediation ist, gerichtliche Auseinandersetzungen zu verhindern und eine Klärung oder einen Kompromiss zu erreichen. Näheres zu diesem Thema finden Sie in der entsprechenden Literatur.

Führen und Geführtwerden

Zur Führungsqualität gehört nicht nur das Wissen um Führungstechniken und Managementstrategien, sondern auch die Entwicklung der Persönlichkeit. Je besser die persönliche und die organisatorische Lebenswelt integriert sind, umso geringer ist der Reibungsverlust durch unterschiedliche Bedürfnisse aufgrund der verschiedenen Rollen. Von der Arbeit abzuschalten und sich auf sich selbst zu besinnen gelingt nur, wenn jemand weiß, auf wen er sich überhaupt konzentrieren soll, nämlich auf seine Person. »Wer sich seiner selbst nicht bewusst ist, der projiziert seine unbewussten Seiten auf die Mitarbeiter. Er erzeugt durch seine Schattenseiten einen emotionalen Nebel, der an einem effektiven Arbeiten hindert.«[23] Das ist in Bezug auf Kränkungen von großer Bedeutung. Seine eigene Kränkbarkeit als Führungskraft zu kennen und mit ihr umgehen zu können, also Kränkungskompetenz zu besitzen, ist ebenso wichtig wie der achtungsvolle Umgang mit den Mitarbeitern. Je größer die Achtung vor der eigenen Person ist, umso größer wird auch die Achtung gegenüber den Mitarbeitern, Kollegen und Kunden sein. Und gerade Achtung und Einfühlsamkeit sind die Voraussetzungen für eine Kommunikation, die sowohl dem positiven Befinden jedes Einzelnen als auch einer konstruktiven

Zusammenarbeit dient. Achtung und Einfühlung zeigen sich an konkreten Verhaltensweisen wie zuhören, jemanden ernst nehmen, dessen Ansichten respektieren, ihn als Person anerkennen und seine Andersartigkeit verstehen. »Wer nicht verstehen kann und will, der hat auch wenige Chancen, dass er selbst von den Mitarbeitern verstanden wird.«[24] Wenn eine Führungskraft Kritik und Widerspruch des Mitarbeiters nicht als persönlichen Angriff erlebt, sondern mit Neugier und Interesse beantwortet, wird sich der Mitarbeiter nicht nur verstanden, sondern auch motiviert fühlen, sich weiterhin einzusetzen und anzustrengen. Und diese Kunst zu praktizieren, nämlich die Andersartigkeit des anderen nicht als kränkend und gegen sich gerichtet zu erleben, sondern sie wertschätzend anzunehmen, gelingt umso besser, je selbst-bewusster die Führungskraft im doppelten Sinn des Wortes ist. Sich selbst bewusst sein ist Voraussetzung für Selbstbewusstsein. Und je mehr Selbstbewusstsein eine Führungskraft besitzt, umso weniger wird sie sich durch Kritik und Widerspruch der Mitarbeiter infrage gestellt und entwertet fühlen, da sie um ihre Stärken ebenso weiß wie um ihre Schwächen. Kennt sie darüber hinaus ihren wunden Punkt, an dem Kränkungen ansetzen können, hat sie gute Voraussetzungen für eine konstruktive und bereichernde Auseinandersetzung mit konträren Meinungen.

Das Pendant zum Führen ist das Geführtwerden, beziehungsweise das Sich-führen-Lassen. Es bedeutet für die Mitarbeiter eine ebensolche Kunst, Geführtwerden nicht als selbstwertschwächend zu verarbeiten, wie für Vorgesetzte, Widerspruch anzunehmen. Zu einer guten Zusammenarbeit gehört aber nicht nur Widerspruch, sondern auch Zuspruch zu Entscheidungen, die »von oben kommen«. »Viele Menschen in den Unternehmen müssen (wieder) lernen, wie man zustimmt, ohne Stimmvieh zu sein, wie man sich anpasst, ohne sich aufzugeben, wie man sich einfügt, ohne sich klein zu fühlen.«[25] Diese Balance hinzubekommen ist sicherlich nicht einfach und hängt nicht nur davon ab, ob ein Mitarbeiter zu seinem Vorgesetzten Vertrauen hat oder nicht, sondern auch von seiner persönlichen Einstellung. Menschen, die in ihrer Erziehung Erfahrungen mit Manipulation oder Anpassungsdruck gemacht haben, neigen als Erwachsene entweder zu kommentarloser Ein- und Unterordnung oder zu Abwehr und Rebellion aus Angst, vom anderen vollständig kontrolliert zu werden. Sind sie dagegen zu wenig von den Eltern geführt worden, fehlt ihnen möglicherweise die positive Erfahrung, dass auch andere die Verantwortung übernehmen können. Daraus kann sich die Einstellung entwickeln, alles alleine schaffen und alles in der Hand haben zu müssen, damit »der Laden läuft«. »Wenn ich es nicht tue, macht es keiner«, könnte einer ihrer Leitsätze lauten. Diese Menschen werden möglicherweise mit Verunsicherung, Misstrauen oder Kränkung reagieren, wenn sie mit Entscheidungen anderer konfrontiert werden und sich nach ihnen zu richten haben. Oder sie ducken sich völlig und unterwerfen sich kritiklos. Beide Varianten sind bei Führungskräften in der Regel nicht erwünscht, da bei der einen zu viel Widerstand geleistet, bei der anderen dagegen zu wenig Eigenständigkeit gezeigt wird.

Das narzisstische Gleichgewicht herstellen

Was ist unter dem narzisstischen Gleichgewicht zu verstehen? Es ist die innere Balance zwischen Selbstzweifeln und Überheblichkeit und mit einem Gefühl von Selbstwert verbunden. Durch eine Kränkung geraten wir in eine innere Schieflage. Kippt die Waage auf die Seite der Selbstzweifel, kommen wir uns klein und schlecht vor; kippt sie auf die Seite der Überheblichkeit, erheben wir uns über Kritik oder Angriffe und stellen uns unverletzlich und unfehlbar dar beziehungsweise sind empört, wenn uns jemand auf unangenehme Weise behandelt. Beide Extreme sind unrealistisch. Denn wir sind weder derart schlecht, wie wir uns einbilden, noch so unangreifbar, wie wir gerne wären. Das Ziel besteht darin, weder auf der einen noch auf der anderen Seite zu verharren, sondern in ein Gleichgewicht zu kommen, in dem wir sowohl unsere Schwächen erkennen als auch unsere Stärken spüren.

Wie kann uns das gelingen? Zum einen erreichen wir das über das Spüren unserer echten Gefühle, die, wenn wir mit ihnen in Kontakt sind, der direkte Weg zu unserem Innern sind. Das Wahrnehmen unserer Bedürfnisse ist der zweite Schritt: Was brauche ich vom anderen, was kann ich mir selbst geben? Unsere Bedürfnisse zeigen uns den Weg zu uns. Wenn wir auf sie hören und sie noch dazu befriedigen können, sofern das im Moment möglich ist, trägt das zum inneren Gleichgewicht bei.

Wir finden inneres Gleichgewicht auch mithilfe meditativer Techniken. Meditation bedeutet so viel wie: in die Mitte gehen. Indem wir uns auf uns besinnen und dabei versuchen, äußere Einflüsse so weit wie möglich auszuschalten, finden wir unser Zentrum, von wo aus wir gelassen und in uns ruhend handeln können. Das kann ein wesentlicher Schutz gegen Kränkungsgefühle und -reaktionen sein. Unsere innere Kraft verhilft uns, negative Dinge nicht persönlich zu nehmen, und verbessert unsere Beziehungsqualität. Statt Angriffe, Abwertungen und Zurückweisungen durch andere zu erwarten stärkt die innere Kraft unser Vertrauen in uns selbst, in die anderen Menschen und in die Welt.

Damit verbunden ist dann auch die Bereitschaft zur Versöhnung. Da Kränkungskonflikte Beziehungskonflikte sind, kann man sie nur auf persönlicher Ebene lösen. Dazu ist die gegenseitige Bereitschaft zum Verzeihen und zur Versöhnung nötig. Können wir uns entschuldigen, wenn uns jemand darauf hinweist, wie verletzend unsere Worte waren, und können wir großherzig eine Entschuldigung von der Person, von der wir uns gekränkt fühlen, entgegennehmen und ihr verzeihen? Wenn uns das noch nicht gelingt, dann haben wir den Konflikt möglicherweise nicht für uns gelöst oder wir sind so sehr getroffen, dass wir gar nicht an Versöhnung oder Verzeihen denken. Auch wenn wir den Menschen, von dem wir uns verletzt oder hintergangen fühlen, nicht mehr sehen wollen, wäre es trotzdem gut, ihn in Frieden ziehen zu lassen, denn es würde auch unserer eigenen Friedfertigkeit dienen.

Die Gegenspieler zu Neid, Rivalität, Kränkbarkeit und Hassgefühlen sind Entspannung, Wohlgefühl und innerer Frieden. Sie entwickeln sich dadurch, dass wir unseren inneren und äußeren negativen Stress verringern, auf unsere Bedürfnisse achten und Konflikte in den Rollenerwartungen als Person, in unserer Funktion und in unserem Beruf weitgehend ausgleichen oder zumindest bewusst damit umgehen. Reagieren wir schnell gekränkt oder neigen wir dazu, andere Menschen zu entwerten, sollte uns das ein Signal sein, dass unser inneres Gleichgewicht gestört ist, entweder durch Selbstwertmangel oder durch Unzufriedenheit, weil wir vielleicht anders leben, als wir im Grunde wollen. Oder wir wollen uns nicht mit unabänderlichen Gegebenheiten abfinden und laufen stattdessen unseren Träumen, Vorstellungen und Erwartungen hinterher. Alles, was unsere Unzufriedenheit erhöht, verstärkt auch unsere Kränkungsbereitschaft. Umgekehrt gilt natürlich dasselbe: Je zufriedener und erfüllter wir leben können, umso weniger werden wir durch Kränkungsgefühle unser Wohlbefinden trüben.

Anmerkungen

I Das verletzte Selbstwertgefühl

1 Rogoll S. 113
2 Zander S. 20
3 Doppler/Lauterburg S. 369
4 Doppler/Lauterburg S. 370
5 Dinslage S. 58
6 zit. nach Berkel S. 20
7 siehe Berkel
8 Watzlawick S. 37
9 vgl. Berkel S. 55
10 Rapaport und Glasl, zit. in Berkel, S. 55
11 Glasl S. 256
12 Süddeutsche Zeitung vom 21.12.2004
13 siehe Peseschkian
14 Süddeutsche Zeitung Magazin No. 42, vom 20.10.2000
15 siehe Zapf 1999, S. 3
16 Zapf 1999, S. 13
17 siehe Massmann
18 Zapf 1999, S. 4
19 siehe Hoefert 2002
20 siehe Zapf 1999, S. 2
21 Zapf 1999, S. 15
22 siehe Zapf 1999, S. 2
23 Wardetzki 2001 und 2003
24 nach Dunckel/Zapf in Schild
25 Zander S. 15
26 vgl. Zanker
27 siehe Linden
28 Linden S. 199

II Kränkungen im Berufsalltag

1 Regnet 1992, zit. nach Berkel S. 38
2 Berkel S. 44 f.
3 Die folgenden Ausführungen beziehen sich teilweise auf Seminarunterlagen von Eidenschink und das DSM III R
4 Seminarunterlagen von Eidenschink
5 Hirigoyen S. 87

6 Simon S. 20
7 Team des Seelsorgeinstituts Bielefeld, Wege zum Menschen S. 6
8 Eichenbaum/Orbach 1987
9 Miner S. 126
10 Eichenbaum/Orbach S. 121
11 Leary 1998
12 Berckhan S. 22
13 Kroschel S. 132
14 Berkel S. 43
15 vgl. Zapf 1995
16 Tannen S. 268
17 Doppler/Lauterburg S. 66
18 Doppler/Lauterburg S. 122 ff.
19 Doppler/Lauterburg S. 67
20 Manzoni + Barsoux, zit. aus Psychologie heute Juni 2003 S. 8
21 siehe Lohmer S. 145
22 Goleman S. 65
23 Gesetz zum Schutz der Beschäftigten vor sexueller Belästigung am Arbeitsplatz von 1994
24 zit. nach Führing
25 Holzbecher 1990
26 siehe Rastetter 1998, zit. nach Führing
27 Kuhlmann 1996, S. 94, zit. nach Führing
28 Rastetter
29 König S. 38
30 siehe König
31 Richtlinienverfahren, die die gesetzlichen Kassen anerkennen, sind Verhaltenstherapie, Psychoanalyse und tiefenpsychologisch fundierte Psychotherapie.
32 König S. 212
33 siehe Frenzel, Accenture Studie 2002
34 zit. nach Volk
35 Volk S. 54
36 Poppelreuter/Windholz
37 Schwickerath et al.
38 König S. 139
39 Bateson et al.: Schizophrenie und Familie 1974
40 zit. nach Zielewski
   www.hausarbeiten.de/faecher/vorschau/8481.html
41 Baumeister in Psychologie heute Dezember 2002
42 siehe Baumeister
43 zit. nach einer Studie von Schäfer in Psychologie heute Januar 2004

44 siehe Koll 2004
45 Uwe Haarschmidt u.a., zit. nach Bauer
46 Bauer S. 199
47 Süddeutsche Zeitung vom 27.10.2004
48 Chrismon 08/2004
49 Lohmer /Wernz 2000, S. 233 ff.
50 Lohmer S. 243
51 Kingelhöfer Vortrag zum 25-jährigen Bestehen der Klinik für Psychosomatische Medizin Bad Grönenbach
52 Poppelreuter/Windholz S. 28
53 Lucas et al. Psychological Science 1/2004
54 Silbereisen/Forkel Zeitschrift für Entwicklungspsychologie und Pädagogische Psychologie 3/2003

III Kränkungskompetenz

1 Doppler/Lauterburg S. 305
2 Doppler/Lauterburg S. 306
3 siehe Doppler/Lautenburg, Glasl u.v.a.
4 siehe Berkel S. 89
5 Doris Herrmann, zit. nach Lothar Massmann in Biss 4/2000
6 Czypionka S. 80
7 Berkel S. 20
8 siehe Berkel S. 77 ff.
9 Berkel S. 103
10 siehe Glasl S. 290
11 Wenninger S. 563
12 Berkel S. 63
13 Berkel S. 64
14 Berkel S. 68
15 Oberdieck
16 Näheres bei Oberdieck www.emotionalekompetenz.net
17 siehe Nathaniel Branden 2003
18 Branden 2003 S. 55
19 siehe Schmid
20 Bernd Schmidt + Joachim Hipp
21 ders.
22 siehe Reddeman, Sachsse
23 Anselm Grün
24 Eidenschink 27.9.2004
25 Eidenschink 18.06.2004

Literatur

Bauer, Joachim: *Das Gedächtnis des Körpers. Wie Beziehungen und Lebensstile unsere Gene steuern*. Piper 2004
Berckhan, Barbara: *Keine Angst vor Kritik. So reagieren Sie souverän*. Kösel 2003
Berkel, Karl: *Konflikttraining. Konflikte verstehen, analysieren, bewältigen*. Sauer 2002
Berne, Eric: *Was sagen Sie, nachdem Sie Guten Tag gesagt haben?* Kindler 1975
Branden, Nathaniel: *Die 6 Säulen des Selbstwertgefühls*. Piper 2003
Czypionka, Stefan: *Umgang mit schwierigen Partnern. Kunden, Mitarbeiter, Kollegen, Vorgesetzte*. Redline Wirtschaft bei Ueberreuter 2003
Dinslage, Axel: *Gestalttherapie*. Pal 1990
Doppler, Klaus/Lauterburg, Christoph: *Change Management. Den Unternehmenswandel gestalten*. Campus 2000
DSM III R Diagnostisches und statistisches Manual Psychischer Störungen. Revision Beltz 1991
Eichenbaum, Luise/Orbach, Susie: *Bitter und süß. Frauenfeindschaft, Frauenfreundschaft*. Econ 1987[6]
Eidenschink, Klaus: *Seminarunterlagen zur Fortbildung »Coaching, Teamentwicklung & Supervision«*. Krailling bei München 2002
Führing, Meik: *Ursachen und Funktionen sexueller Belästigung am Arbeitsplatz*. Reiner Hampp 2001
Glasl, Friedrich: *Konfliktmanagement*. Verlag Paul Haupt, Verlag Freies Geistesleben 1980, 2002
Goleman, Daniel: *Emotionale Intelligenz*. Deutscher Taschenbuch Verlag 1997, 2001
Grün, Anselm: *Menschen führen – Leben wecken*. Vier-Türme-Verlag 2001
Haeske, Udo: *Konflikte im Arbeitsleben. Mit Mediation und Coaching zur Lösungsfindung*. Kösel 2003
Hirigoyen, Marie-France: *Die Masken der Niedertracht. Seelische Gewalt im Alltag und wie man sich dagegen wehren kann*. Deutscher Taschenbuch Verlag 2002
Hoefert, Hans-Wolfgang: Mobbing – ein Problem für Diagnose und Therapie. In: *Psychomed* 14/1 2002, S. 58-62
Holzbecher, Monika u.a.: *Sexuelle Belästigung am Arbeitsplatz*. Kohlhammer 1990

König, Oliver: *Macht in Gruppen. Gruppendynamische Prozesse und Interventionen*. Reihe: *Leben lernen*, Klett-Cotta 1998

Koll, Lea Regine: *Weil Hauen nicht weiterhilft. Spiele und Aktionen zur Konfliktregelung*. Herder 2004

Kreissl, Reinhard: *Die ewige Zweite. Warum die Macht den Frauen immer eine Nasenlänge voraus ist*. Droemer 2000

Leary, Mark et al.: The Causes, Phenomenology, and Consequences of Hurt Feelings. In: *Journal of Personality and Social Psychology*. Vol. 74, No. 5, 1998, S.1225-1237

Linden, Michael: Posttraumatic Embitterment Disorder. In: *Psychotherapy and Psychosomatics* 2003, 72, S. 195-202

Lohmer, Mathias (Hrsg.): *Psychodynamische Organisationsberatung. Konflikte und Potentiale in Veränderungsprozessen*. Klett-Cotta 2000

Lohmer, Mathias/Wernz, Corinna: Zwischen Veränderungsdruck und Homöostaseneigung: Die narzisstische Balance in therapeutischen Institutionen. In: Lohmer, Mathias (Hrsg.): *Psychodynamische Organisationsberatung. Konflikte und Potentiale in Veränderungsprozessen*. S. 233-254. Klett-Cotta 2000

Miner, Valerie/Longino, Helen (Hrsg.): *Konkurrenz. Ein Tabu unter Frauen*. Frauenoffensive 1990

Peseschkian, Nossrat: *Steter Tropfen höhlt den Stein. Mikrotraumen – Das Drama der kleinen Verletzungen*. Pattloch 2000

Poppelreuter, Stefan/Windholz, Claudia: *Zu viel Fleiß hat seinen Preis*. In: *Psychologie heute* Juni 2002, S. 28-35

Rastetter, Daniela: *Männerbund Management*. In: *Zeitschrift für Personalforschung* 2/1998, S. 167-186

Reddemann, Luise: *Imagination als heilsame Kraft. Zur Behandlung von Traumafolgen mit ressourcenorientierten Verfahren*. Pfeiffer bei Klett Cotta Verlag 2002 plus Hör-CD mit Übungen zur Aktivierung von Selbstheilungskräften

Rogoll, Rüdiger: *Werde, der du werden kannst. Anstöße zur Persönlichkeitsentfaltung mit Hilfe der Transaktionsanalyse*. Herder 1982

Sachsse, Ulrich: *Traumazentrierte Psychotherapie*. Schattauer 2004

Schmid, Bernd: *Persönlichkeitscoaching – Beratung für die Person in ihrer Organisations-, Berufs- und Privatwelt*. www.coaching-magazin.de

Schmid, Bernd/Hipp, Joachim: *Varianten des Coachingbegriffs*. www.coaching-magazin.de

Schwickerath, Josef/Kneip, Volker: *Mobbing am Arbeitsplatz: Interaktionelle Problembereiche, psychosomatische Reaktionsbildungen und Behandlungsansätze*. In: Zielke, Manfred u.a. (Hrsg): *An-*

gewandte Verhaltensmedizin in der Rehabilitation. Pabst Science Publishers 2001

Simon, Fritz: *Tödliche Konflikte. Zur Selbstorganisation privater und öffentlicher Kriege*. Carl-Auer-Systeme Verlag 2001

Steiner, Claude/Michel, Gabriele/Oberdieck, Hartmut: *Die Kunst, sich miteinander wohl zu fühlen. Emotionale Kompetenz in Familie und Partnerschaft*. Herder 2004

Tannen, Deborah: *Warum sagen Sie nicht, was Sie meinen? Jobtalk – wie Sie lernen, am Arbeitsplatz miteinander zu reden*. Piper 2002

Varnhagen, Rahel: In: Wolf, Christa: *Unter den Linden*. Luchterhand 2002

Volk, Hartmut: *Warum Angst am Arbeitsplatz immer mehr zum Thema wird*. In: ComputerPartner, *Fachzeitschrift für den IT-Handel*. (2001) 7. Jahrgang, H.10, S. 54-56

Wardetzki, Bärbel: *Weiblicher Narzissmus – Der Hunger nach Anerkennung*. Kösel 1991

Wardetzki, Bärbel: *Ohrfeige für die Seele. Wie wir mit Kränkung und Zurückweisung besser umgehen können*. Deutscher Taschenbuch Verlag 2004

Wardetzki, Bärbel: *Mich kränkt so schnell keiner! Wie wir lernen, nicht alles persönlich zu nehmen*. Deutscher Taschenbuch Verlag 2005

Watzlawick, Paul: *Anleitung zum Unglücklichsein*. Piper 1998

Weakland, John H.: *»Double-Bind« Hypothese und Dreier-Beziehung*. In: Bateson et al.: *Schizophrenie und Familie*. Suhrkamp 1974, S. 221-222

Wenninger, Gerd: *Konfliktmanagement*. In: Hoyes, Carl/Frey, Dieter: *Arbeits- und Organisationspsychologie*. Beltz 1999

Zander, Wolfgang: *Überlegungen eines Psychoanalytikers zum Problem der Kränkung*. In: *Wege zum Menschen*. 35. Jahrgang, H.1, 14-20, Vandenhoeck & Ruprecht, 1983

Zapf, Dieter: *Mobbing in Organisationen – Überblick zum Stand der Forschung*. In: *Zeitschrift für Arbeits- und Organisationspsychologie* (1999) 43 (N.F.17) 1, S. 1-25, Hogrefe 1999

Adressen

Mobbing

Mobbingberatung München Konsens e.V.
Postfach 83 05 45
81705 München

Mobbing-Telefon: 089 / 60 60 00 70

www.gesuenderarbeiten.de
www.mobbing-web.de
www.mobbing-zentrale.com
www.mobbing-verein.de
www.mobbing-net.de
www.mobbing-scout.de
www.mobbing-hilfe.de
www.berater.homepage.ms (Tel. 0175 / 972 40 44)

www.mobbing-info.ch
www.mobbing-zentrale.ch
www.mobbing-beratungsstelle.ch

www.mobbingberatung.at/RechlicheHilfe/daten.htm
www.mobip.at/der-verein/...es.../mobbingbetroffenheit-in-osterreich
ÖGB-Servicecenter: Ilse Reichart, Tel. 01 / 534 44 39 105

Coaching

www.coaching.de
www.coaching-informationen.de
www.vpsm.de
www.coaching-magazin.de
www.coach-datenbank.de
www.coaching-zentrum.de
www.dbvc.de
www.oliver-muhler.de (Konfliktberatung; Tel. 0 89 / 2 71 58 18)
www.eidenschink.de (Eidenschink + Partner, Coaching;
Tel. 0 89 / 85 66 22 46)

www.coaching-plattform.ch
www.coaching-forum.ch

www.coachingdachverband.at
www.coachfederation.at